멘토르는

그리스신화에 나오는 오디세우스의 친구입니다.

오디세우스는 트로이 전쟁에 출정하면서 아들 텔레마쿠스를 친구인 멘토르에게 맡깁니다.

이후 멘토르는 엄격한 스승이며 지혜로운 조언자, 때로는 아버지로서 필요한 충고와 지도를 하여 텔레마쿠스를 강인하고 현명한 왕으로 성장시켰습니다.

오늘날 '멘토', 또는 '멘토르'는 충실하고 현명한 조언자 또는 스승이라는 의미로 쓰이고 있습니다.

멘토르출판사는 독자 여러분의 인생에 좋은 길잡이가 되는 책을 만들고자 늘 노력하겠습니다.

계산이 빨라지는
사고력
인도수학
중급편
엔도 아키노리 지음
인도수학 연구회 편역
멘토르

계산이 빨라지는 **사고력 인도수학** – 중급편

1판 1쇄 발행 | 2009년 8월 17일

지은이 | 엔도 아키노리
엮은이 | 인도수학 연구회
펴낸이 | 안동명 · 정연금
펴낸곳 | (주)멘토르출판사

기획 | 안동명 정연금 전정아 신꽃다미 김혜연
편집디자인 | 디자인원
표지디자인 | 엔드디자인
마케팅 | 김경용 정재영
경영지원 | 김민지

내용문의 | mentor@mentorbook.co.kr

등록 | 2004년 12월 30일 제302-2004-00081호
주소 | 서울시 용산구 청파동 3가 131 IT연구개발센터 1층
전화 | 02-706-0911
팩스 | 02-706-0913

ISBN | 978-89-6305-035-5 03410

가격 | 9500원

# 머리말

　인도는 고대부터 수학이 아주 발달한 나라였습니다. 인도의 수학자들은 대개 우주의 섭리를 연구하는 사람들이었다고 합니다. 태양과 달이 움직이는 경로를 파악해 태양이 정남쪽으로 오는 날을 예측하는 등 여러 방면에 수학을 이용했습니다.

　오랜 세월을 거쳐 인도 수학은 유럽에 전해지게 됩니다. 그 엄청난 수준에 감격한 당시 유럽인은 지혜가 넘치는 독특한 문장 문제를 '인도 문제' 라고 부르며 존경했다고 합니다.

　인도의 계산술에는 놀랍게 편리한 방법이 많습니다. 어려워 보이는 계산을 아주 간단하게 해결해 버리는 마법 같은 계산술들을 익혀 두면 계산 속도가 놀랍게 빨라집니다.

　이 책은 인도수학의 기초를 소개했던 〈사고력 인도수학〉의 중급편입니다. 전작보다 좀 더 수준이 높은 문제들을 모아 필산으로 계산하는 방법들을 소개했습니다. 모두 암산으로 풀 수 있습니다.

　여기서 다루는 학습법의 핵심은 다음과 같습니다.

　① 계산할 때 올림과 내림을 거의 사용하지 않습니다.
　② 자리 수가 큰 쪽부터 계산합니다.
　③ 문장 문제를 통해 사고력을 키웁니다.
　④ 검산으로 답을 확인할 수 있습니다.
　⑤ 알면 알수록 재미있습니다!

　그럼 이제 매력적인 인도 계산법의 문을 열어볼까요. 숫자에 자신 없던 분들도 수학의 즐거움을 발견하고 계산 실력이 높아질 것이라 장담합니다.

◉ 제1장 **인도식 덧셈** ··········· **15**

01 인도식 바둑판 계산술 1
바둑판을 이용한 기본 덧셈 ·········· **14**

02 인도식 바둑판 계산술 2
바둑판을 이용한 자리 수가 다른 덧셈 ·········· **18**

03 자리 수가 커져도 문제없다
5자리 이상의 덧셈 ·········· **22**

04 더하는 수가 많아져도 OK!
숫자 3개의 덧셈 ·········· **26**

05 가로 · 세로 · 대각선의 합이 같은 사각형 1
마방진(3×3)을 만들어 보자 ·········· **30**

06 가로 · 세로 · 대각선의 합이 같은 사각형 2
마방진(5×5)을 만들어 보자 ·········· **34**

07 인도식 덧셈술로 풀어 보자!
덧셈의 문장 문제 ·········· **38**

◈ 인도식 덧셈 복습 ·········· **42**

◉ 제2장 **인도식 뺄셈** ··········· **43**

01 인도식 뺄셈의 기본
빼는 수가 두 자리 수인 뺄셈 ·········· **44**

02 인도식 뺄셈 레벨업!
빼는 수가 세 자리 수인 뺄셈 ·········· **48**

03 특별한 인도식 뺄셈 1
빼지는 수가 100인 경우 ·········· **52**

04 특별한 인도식 뺄셈 2
빼지는 수가 1000일 경우 ·········· **56**

05 인도식 뺄셈술로 풀어 보자!
뺄셈의 문장 문제 60

◈ 인도식 뺄셈 복습 64

◉ **제 3 장 인도식 곱셈** 65

01 인도식 바둑판 곱셈 1
두 자리 수의 곱셈 66

02 인도식 바둑판 곱셈 2
자리 수가 많을 때 사용하는 곱셈술 70

03 덧셈만으로 곱셈을 풀다!
둘 중 한 수가 11인 곱셈 74

04 100이 되려면 얼마가 필요할까? 1
100에 가까운 두 자리 수끼리의 곱셈 78

05 100이 되려면 얼마가 필요할까? 2
100에 가까운 같은 두 자리 수끼리의 곱셈 82

06 두 자리 수 곱셈, 기적의 필산술 1
서로 같은 두 자리 수의 곱셈 86

07 두 자리 수의 곱셈, 기적의 필산술 2
십의 자리가 같은 수의 곱셈 90

08 두 자리 수의 곱셈, 기적의 필산술 3
십의 자리가 1인 두 자리 수의 곱셈 94

09 두 자리 수의 곱셈, 기적의 필산술 4
곱해지는 수와 곱하는 수의 정중앙의 수가 딱 떨어지는 경우 98

10 두 자리 수의 곱셈, 기적의 필산술 5
십의 자리가 같고 일의 자리를 더하면 10이 되는 수의 경우 102

11 두 자리 수의 곱셈, 기적의 필산술 6
십의 자리를 더하면 10이고 일의 자리가 같은 수의 경우 106

12 두 자리 수 곱셈, 기적의 필산술 7
일의 자리와 십의 자리를 더하면 10이 되는 수에
일의 자리와 십의 자리가 같은 수를 곱하는 경우 ···· **110**

13 인도식 곱셈술로 풀어 보자!
곱셈의 문장 문제 ···· **114**

◈ 인도식 곱셈 복습 ···· **118**

◉ **제4장** **인도식 나눗셈** ···· **121**

01 인도식 나눗셈 필산술 1
두 자리 수 ÷ 두 자리 수 ···· **122**

02 인도식 나눗셈 필산술 2
세 자리 수 ÷ 두 자리 수 ···· **126**

03-1 몇으로 나누어지는 수인가? 1
2 · 3으로 딱 나누어지는 수 ···· **130**

03-2 몇으로 나누어지는 수인가? 2
4 · 5로 딱 나누어지는 수 ···· **132**

03-3 몇으로 나누어지는 수인가? 3
6 · 7로 딱 나누어지는 수 ···· **134**

03-4 몇으로 나누어지는 수인가? 4
8 · 9로 딱 나누어지는 수 ···· **136**

03-5 몇으로 나누어지는 수인가? 5
10 · 11로 딱 나누어지는 수 ···· **138**

04 인도식 나눗셈술로 풀어 보자!
나눗셈 문장 문제 ···· **144**

◈ 인도식 나눗셈 복습 ···· **148**

◈ (컬럼) 인도인이 IT에 강한 이유? ···· **150**

◎ 제5장 **인도식 검산** ·· **151**

01 검산을 시작하기 전에 할 일
9로 나눈 나머지를 구한다 ···································· **152**

02 인도식 검산 1
덧셈과 뺄셈의 검산 '구거법' ·························· **154**

03 인도식 검산 2
곱셈과 나눗셈의 검산 '구거법' ···················· **158**

◈ 인도식 검산 복습 ·· **162**

◎ 제6장 **계산 테스트** ·· **163**

계산 테스트 ❶ 덧셈 ·· **164**

계산 테스트 ❷ 뺄셈 ·· **168**

계산 테스트 ❸ 곱셈 ·· **172**

계산 테스트 ❹ 나눗셈 ·· **176**

계산 테스트 ❺ 종합문제 1 ·································· **180**

계산 테스트 ❻ 종합문제 2 ·································· **184**

계산 테스트 ❼ 종합문제 3 ·································· **188**

계산의 달인이 되자! – 3단계 학습법

덧셈, 뺄셈, 곱셈, 나눗셈, 검산의 각 주제마다 예제 – 연습문제 – 테스트
의 3단계를 밟으며 계산의 달인이 되어 보자.

1단계 예제와 풀이

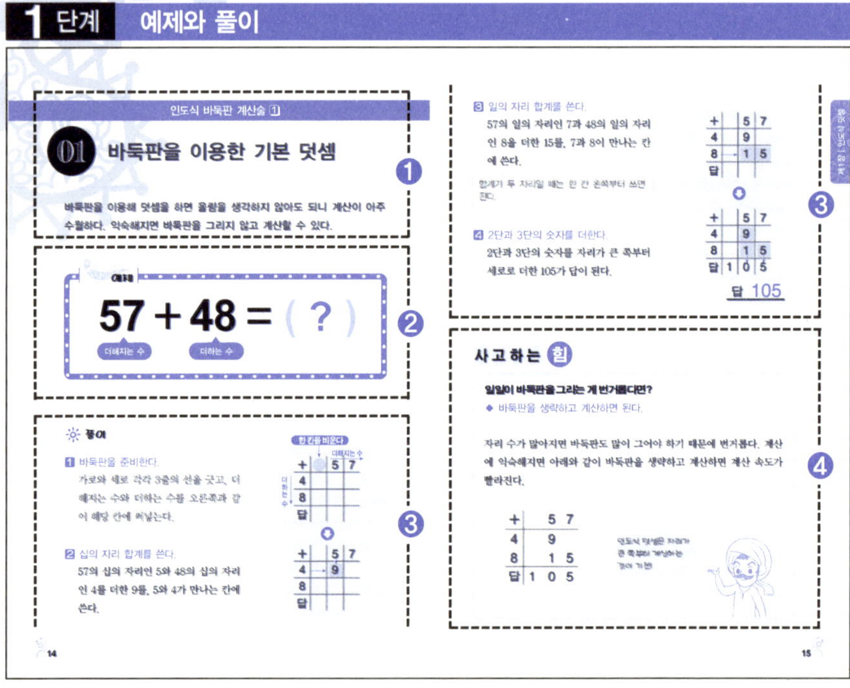

① 단원 제목

각 단원에서 배울 구체적인 내용을
소개한다.

② 예제

단원을 대표하는 예제를 한 문제
제시한다.

③ 풀이

예제를 차근차근 풀이해 본다. 오
른쪽 상자에는 실제 계산 과정이
도해로 그려져 있다.

④ 사고하는 힘

왜 '풀이'에서 설명한 대로 계산할
수 있는지, 그 원리를 함께 생각해
본다.

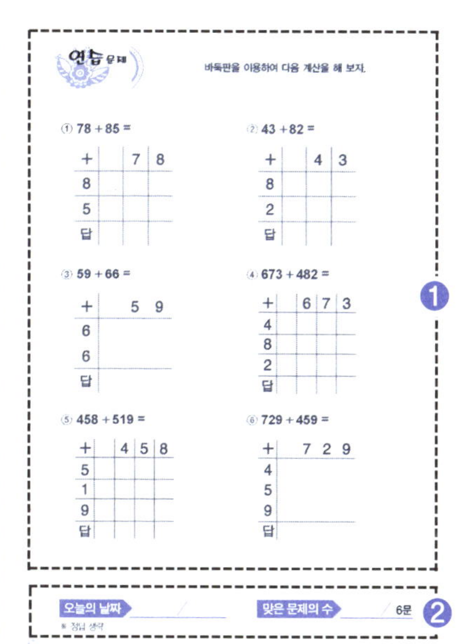

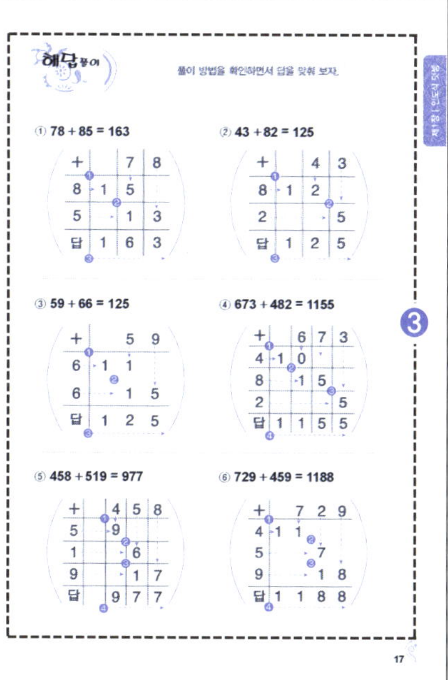

❶ 연습문제

앞쪽에서 배운 내용을 이해했다면, 빠른 속도로 계산할 수 있을 것이다.

❷ 오늘의 날짜 · 맞은 문제의 수

실력이 향상되는 과정을 점검할 수 있으니, 귀찮더라도 기록하자.

❸ 해답풀이

해답뿐 아니라 계산 과정까지 풀이해 놓았으니 놓친 부분이 있는지 꼼꼼히 다시 점검해 본다.

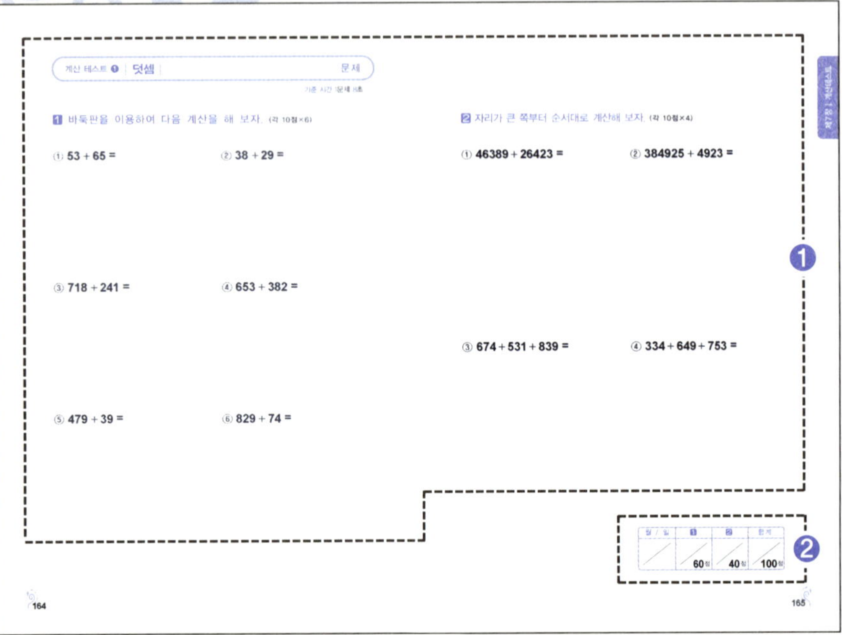

계산 테스트 ❶ │ 덧셈 │　　　　　　　　　문제

기준 시간 1문제 8초

1 바둑판을 이용하여 다음 계산을 해 보자. (각 10점×6)

① 53 + 65 =　　　　② 38 + 29 =

③ 718 + 241 =　　　　④ 653 + 382 =

⑤ 479 + 39 =　　　　⑥ 829 + 74 =

2 자리가 큰 쪽부터 순서대로 계산해 보자. (각 10점×4)

① 46389 + 26423 =　　　　② 384925 + 4923 =

③ 674 + 531 + 839 =　　　　④ 334 + 649 + 753 =

164　　　165

❶ 계산 테스트

책에서 배운 내용을 총정리하면서 확인하는 테스트가 책의 마지막 단원에 마련되어 있다. 해답과 해설은 바로 다음 쪽에 있다. 틀린 문제가 있다면 반복해서 다시 연습해 보자.

❷ 날짜와 점수

각 테스트의 합은 100점이다. 모두 맞추는 것도 중요하지만, 기준 시간 안에 빠르고 정확하게 계산하는 것을 목표로 하자.

알 아 두 세 요 !

- 이 책에서 여러 가지 계산법을 소개하고 있지만, 다른 방법도 얼마든지 있을 수 있으니 어디까지나 하나의 사고법으로 생각해 주십시오.
- 이 책에서 소개한 방법은 일반적인 교과서에서 배우는 풀이법과 다를 수 있습니다. 학교에서 풀이 과정까지 쓰는 문제가 출시되었을 경우, 이 책에서 소개한 방법을 사용하면 틀린 것으로 채점될 가능성이 있으니 주의해 주십시오.

제 01 장

인도식 덧셈

자릿수가 다른 계산력을 익히는 첫걸음은 역시 덧셈이다. 기본 풀이부터, 세로·가로·대각선 중 어느 쪽을 더해도 같은 답이 되는 마방진 작성법까지 익혀둔다면 덧셈에서 두려울 것은 더 이상 없다.

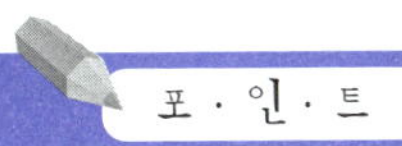

왼쪽부터 계산하는 것이 확실한 방법이다.

●덧셈은 자리가 높은 쪽부터 계산하자.

01 바둑판을 이용한 기본 덧셈

바둑판을 이용해 덧셈을 하면 올림을 생각하지 않아도 되니 계산이 아주 수월하다. 익숙해지면 바둑판을 그리지 않고 계산할 수 있다.

예제

$$57 + 48 = (?)$$

더해지는 수   더하는 수

☀ 풀이

1 바둑판을 준비한다.

가로와 세로 각각 3줄의 선을 긋고, 더해지는 수와 더하는 수를 오른쪽과 같이 해당 칸에 써넣는다.

한 칸을 비운다

+		5	7
4			
8			
답			

더해지는 수 / 더하는 수

2 십의 자리 합계를 쓴다.

57의 십의 자리인 5와 48의 십의 자리인 4를 더한 9를, 5와 4가 만나는 칸에 쓴다.

+		5	7
4		9	
8			
답			

3 일의 자리 합계를 쓴다.

57의 일의 자리인 7과 48의 일의 자리인 8을 더한 15를, 7과 8이 만나는 칸에 쓴다.

> 합계가 두 자리일 때는 한 칸 왼쪽부터 쓰면 된다.

4 2단과 3단의 숫자를 더한다.

2단과 3단의 숫자를 자리가 큰 쪽부터 세로로 더한 105가 답이 된다.

+		5	7
4		9	
8	→	1	5
답			

+		5	7
4		9	
8		1	5
답	1	0	5

답 <u>105</u>

사고하는 힘

일일이 바둑판을 그리는 게 번거롭다면?

◆ 바둑판을 생략하고 계산하면 된다.

자리 수가 많아지면 바둑판도 많이 그어야 하기 때문에 번거롭다. 계산에 익숙해지면 아래와 같이 바둑판을 생략하고 계산하면 계산 속도가 빨라진다.

+	5	7
4	9	
8	1	5
답 1	0	5

바둑판을 이용하여 다음 계산을 해 보자.

① 78＋85 ＝

		7	8
8			
5			
답			

② 43＋82 ＝

＋		4	3
8			
2			
답			

③ 59＋66 ＝

＋		5	9
6			
6			
답			

④ 673＋482 ＝

＋		6	7	3
4				
8				
2				
답				

⑤ 458＋519 ＝

＋		4	5	8
5				
1				
9				
답				

⑥ 729＋459 ＝

＋		7	2	9
4				
5				
9				
답				

오늘의 날짜 ▶ _______ / _______

맞은 문제의 수 ▶ _______ / 6문

※ 정답 생략

풀이 방법을 확인하면서 답을 맞춰 보자.

① $78 + 85 = 163$

② $43 + 82 = 125$

③ $59 + 66 = 125$

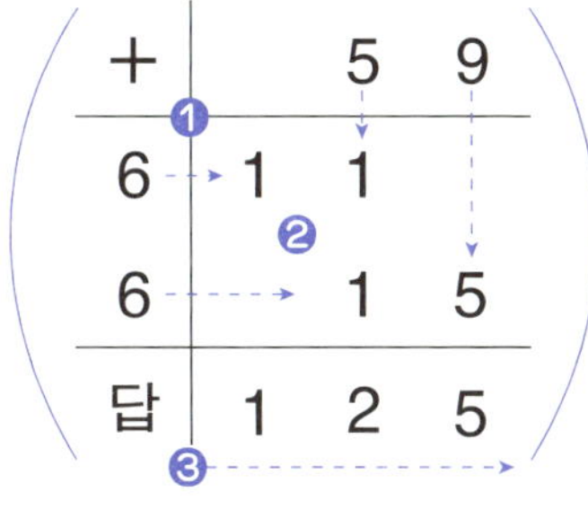

④ $673 + 482 = 1155$

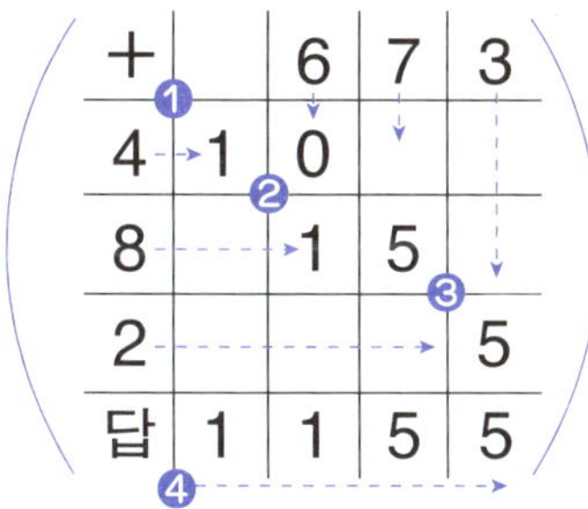

⑤ $458 + 519 = 977$

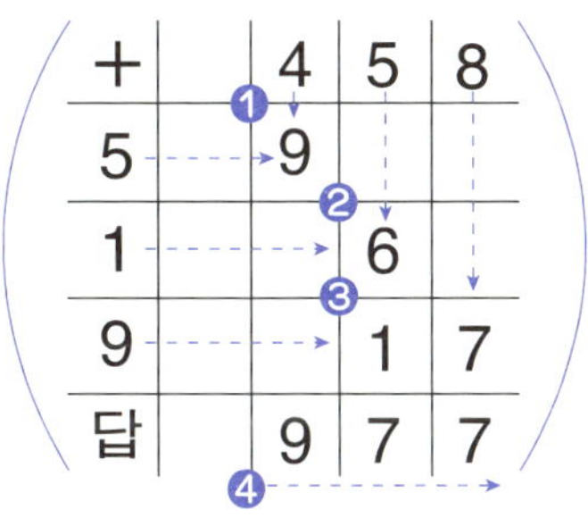

⑥ $729 + 459 = 1188$

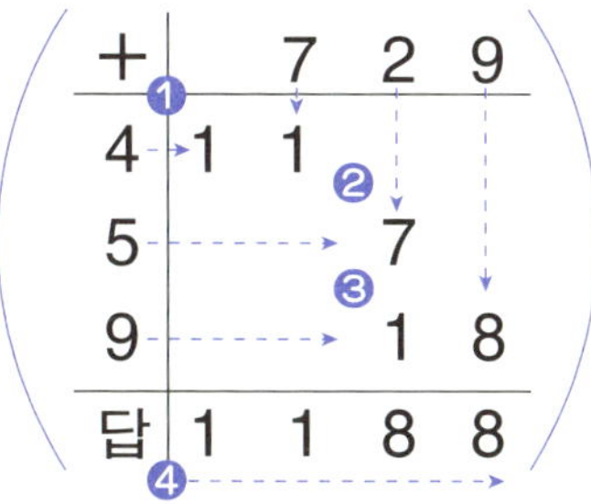

02 바둑판을 이용한 자리 수가 다른 덧셈

자리 수가 다른 숫자끼리 계산할 때는 작은 수의 앞에 0을 붙여 자리 수를 맞추고 계산한다. 또 자리 수가 커서 구별하기 힘든 숫자라면 콤마를 찍는다.

예제

$$4318 + 56 = (\,?\,)$$

더해지는 수　　　더하는 수

☼ 풀이

1 큰 쪽의 자리 수에 맞춘다.

자리 수가 큰 4318의 4자리에 맞추기 위하여 56의 앞에 00을 붙인다.

2 바둑판을 준비한다.

가로와 세로 각각 5줄의 선을 긋고, 더해지는 수와 더하는 수를 오른쪽과 같이 바둑판에 써넣는다. 더하는 수에 0056이라고 쓴다.

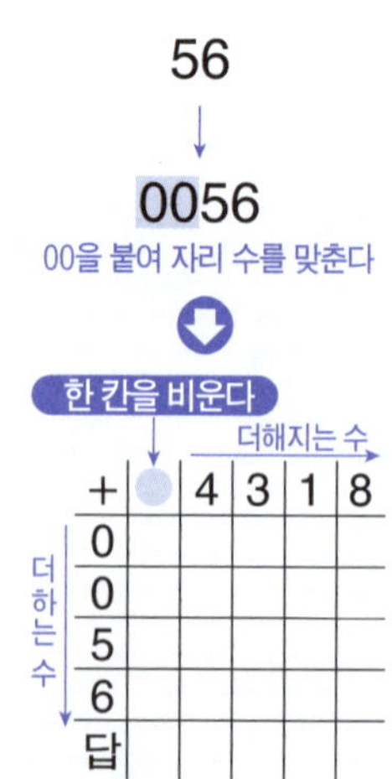

+		4	3	1	8
0					
0					
5					
6					
답					

더하는 수는 '56' 이지만 세로에 56만 쓰면 올바르게 계산할 수 없다.

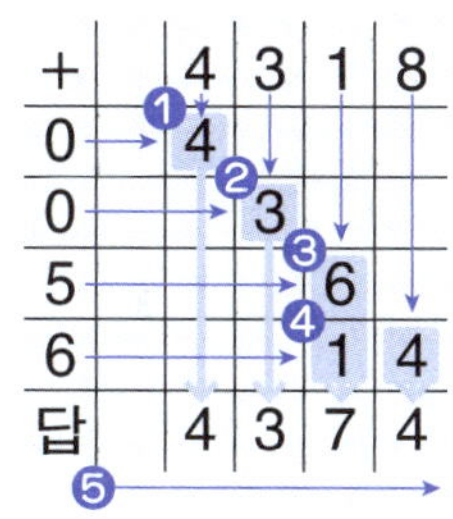

3 자리가 큰 쪽부터 바둑판에 답을 쓴다.

더하는 수에 붙인 00도 반드시 계산에 추가하여 자리가 큰 쪽부터 순서대로 빈 칸에 쓴다.

4 2~5단의 숫자를 더한다.

2~5단의 숫자를 자리가 큰 쪽부터 더한 4374가 답이 된다.

답 <u>4374</u>

사 고 하 는 **힘**

자리 수가 증가하면 자리 수 맞추는 것이 어렵다.

◆ 4자리 이상이라면 3자리마다 콤마를 찍는다.

큰 수의 경우, 3자리마다 콤마를 찍으면 자리 수를 맞추기 쉬워진다. 예를 들어 425362+5248=⬚이라면 425,362+005,248=⬚과 같이 천의 자리와 백의 자리 사이에 콤마를 찍는다. 그러면 더하는 수 5248 앞에 0을 2개 찍으면 된다는 것을 바로 알 수 있다.

바둑판을 이용하여 다음 계산을 해 보자.

① 328 ＋ 97 ＝

+		3	2	8
0				
9				
7				
답				

② 989 ＋ 19 ＝

+		9	8	9
0				
1				
9				
답				

③ 6735 ＋ 43 ＝

+		6	7	3	5
0					
0					
4					
3					
답					

④ 8230 ＋ 89 ＝

+		8	2	3	0
0					
0					
8					
9					
답					

⑤ 5287 ＋ 613 ＝

+		5	2	8	7
0					
6					
1					
3					
답					

⑥ 154382 ＋ 1575 ＝

+		1	5	4	3	8	2
0							
0							
1							
5							
7							
5							
답							

오늘의 날짜 ▶ _______ /________

맞은 문제의 수 ▶ _______ / 6문

풀이 방법을 확인하면서 답을 맞춰 보자.

① **328＋97 = 425**

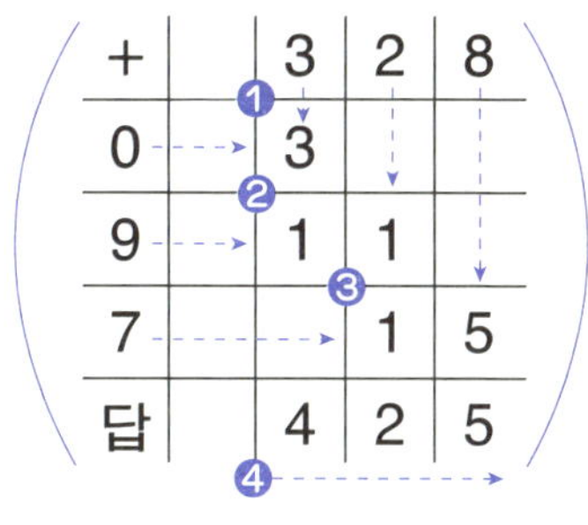

② **989＋19 = 1008**

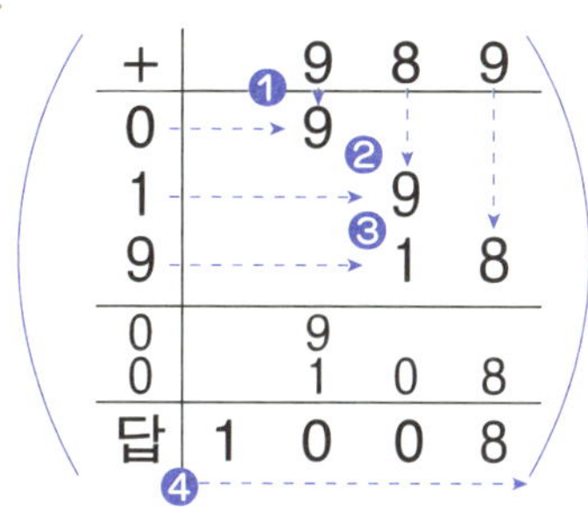

③ **6735＋43 = 6778**

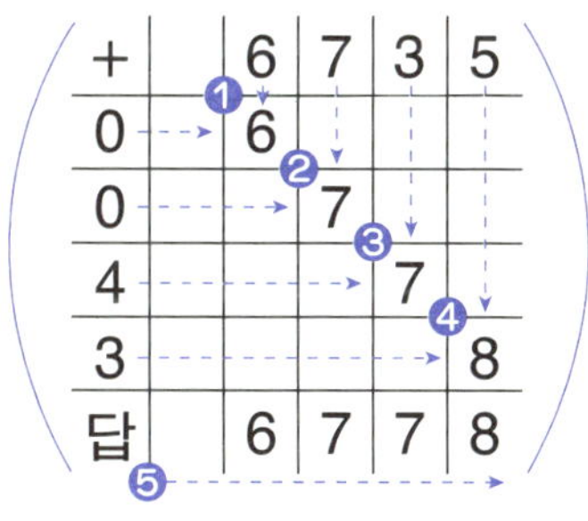

④ **8230＋89 = 8319**

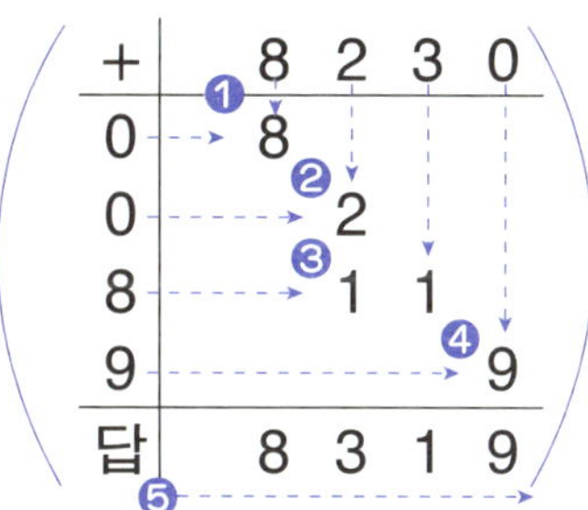

⑤ **5287＋613 = 5900**

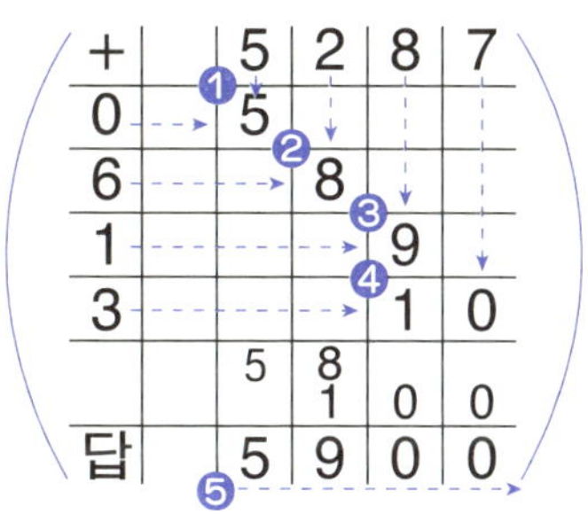

⑥ **154382＋1575 = 155957**

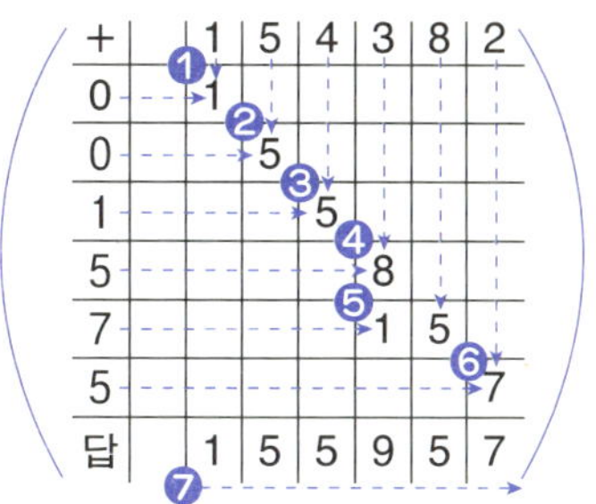

03 5자리 이상의 덧셈

큰 수끼리 더할 때는 필산을 이용해 계산하는 것이 수월하다. 단 큰 자리부터 더한다.

풀이

1 필산 형식으로 적는다.

45689+75381을 필산으로 바꾼다.

> 자리매김을 틀리지 않기 위해
> 45,689+75,381= ?
> 과 같이 3자리마다 콤마를 찍고 보면 알기 쉽다.

$$\begin{array}{r} 45689 \\ +\ 75381 \\ \hline \end{array}$$

2 만의 자리끼리 더한다.

더해지는 수의 만의 자리인 4와 더하는 수의 만의 자리인 7을 더하여 11이라고 쓴다.

$$\begin{array}{r} 45689 \\ +\ 75381 \\ \hline 11 \end{array}$$
…10000의 자리

3 자리가 큰 순서부터 같은 자리끼리 더한다.

자리가 큰 순서부터 더한다.

5+5=10 (천의 자리)

6+3=9 (백의 자리)

8+8=16 (십의 자리)

9+1=10 (일의 자리)

4 자리가 큰 쪽부터 세로로 더한다.

자리가 큰 쪽부터 세로로 더한 121070이 답이 된다.

> 각 자리를 더한 답이 두 자리일 때는 계산 결과를 반드시 1단 아래에 쓰고 계속해서 그보다 아래 자리의 답을 쓴다.

```
    45689
  +75381
  ───────
   11      ········ 10000의 자리
    10     ······· 1000의 자리
      9    ····· 100의 자리
     16    ···· 10의 자리
     10    ·· 1의 자리
  ───────
  120
    1070
  ───────
  121070
```

답 **121070**

사 고 하 는 힘

> **큰 수의 덧셈은 바둑판 계산과 필산 중 어느 쪽이 좋을까?**
>
> ◆ 5자리 이상이라면 필산이 편리하다.
>
> 계산 결과는 같지만 자리 수가 늘면 바둑판을 긋는 데 수고가 필요하다. 자리 수가 많을수록 칸도 많아져야 하므로 5자리 이상이라면 필산을 이용하는 것이 편리하다.

자리가 큰 쪽부터 계산해 보자.

①
$$\begin{array}{r} 75289 \\ +\ 43581 \\ \hline \end{array}$$

②
$$\begin{array}{r} 138743 \\ +357159 \\ \hline \end{array}$$

③
$$\begin{array}{r} 739961 \\ +\quad\ 399 \\ \hline \end{array}$$

④
$$\begin{array}{r} 6251738 \\ +\quad\ 9875 \\ \hline \end{array}$$

오늘의 날짜   /

맞은 문제의 수   / 4문

풀이 방법을 확인하면서 답을 맞춰 보자.

①
```
      7 5 2 8 9
  +   4 3 5 8 1
  ❶ 1 1
  ❷   8
  ❸     7
  ❹     1 6
  ❺         1 0
  ─────────────
    1 1 8 8 7 0
  ❻
```

②
```
      1 3 8 7 4 3
  +   3 5 7 1 5 9
  ❶ 4
  ❷   8
  ❸   1 5
  ❹       8
  ❺         9
  ❻         1 2
  ─────────────
      4 9 5 8
              1 0 2
  ─────────────
      4 9 5 9 0 2
  7
```

③
```
      7 3 9 9 6 1
  +         3 9 9
  ❶ 7
  ❷   3
  ❸     9
  ❹     1 2
  ❺       1 5
  ❻         1 0
  ─────────────
    7 3
        1 0 3 6 0
  ─────────────
    7 4 0 3 6 0
  7
```

④
```
      6 2 5 1 7 3 8
  +         9 8 7 5
  ❶ 6
  ❷   2
  ❸     5
  ❹     1 0
  ❺       1 5
  ❻         1 0
  ❼         1 3
  ─────────────
      6 2 6 1 6 1 3
  8
```

04 숫자 3개의 덧셈

더하는 숫자가 3개 이상으로 많아져도 자리가 큰 쪽부터 계산하는 방법은 변하지 않는다. 올림도 생각하지 않아도 된다.

예제

$$673 + 218 + 739 = (?)$$

더해지는 수   더하는 수 ①   더하는 수 ②

풀이

1 3개의 수를 필산 형식으로 적는다.

673과 218과 739를 세로로 나열하여 필산한다.

```
    6 7 3
    2 1 8
+   7 3 9
```

2 백의 자리를 더한다.

673과 218과 739의 백의 자리인 6과 2와 7을 더한 15를 쓴다.

```
    6 7 3
    2 1 8
+   7 3 9
─────────
  1 5
```

> 답이 두 자리가 될 때는 한 자리 왼쪽부터 쓴다.

3 **십의 자리를 더한다.**

673과 218과 739의 십의 자리인 7과 1과 3
을 더한 11을 쓴다.

4 **일의 자리를 더한다.**

673과 218과 739의 1의 자리인 3과 8과 9
를 더한 20을 쓴다.

5 **자리가 큰 쪽부터 세로로 더한다.**

자리가 큰 쪽부터 세로로 더한 1630이 답
이 된다.

답 1630

사 고 하 는 힘

왜 자리가 큰 쪽부터 계산하는 걸까?

◆ **올림을 생각하지 않아도 되기 때문이다.**

예제의 덧셈을 일의 자리부터 계산해 보자. 3+8+9는 20이므로 올림 2
를 기억해 두거나 작게 써 두고 일의 자리에 0이라
고 쓴다. 그리고 십의 자리 세 수를 더할 때 올림도
더해야 하므로 실제로는 4개 수를 더해야 하는 것
이다. 반면 자리가 큰 쪽부터 순서대로 계산하면
올림을 생각하지 않으면서 계산할 수 있다.

자리가 큰 쪽부터 계산해 보자.

4문

①
```
    4 3 5
    7 6 8
+   2 4 9
─────────
```

②
```
    7 1 8
    5 9 3
+   4 2 8
─────────
```

③
```
    6 8 1
    1 4 2
+   7 3 1
─────────
```

④
```
    9 1 8
    3 5 7
+   5 6 1
─────────
```

오늘의 날짜 _______ / _______

맞은 문제의 수 _______ / 4문

풀이 방법을 확인하면서 답을 맞춰 보자.

①
```
      4 3 5
      7 6 8
  +   2 4 9
  ─────────
 ❶  1 3
    ❷ 1 3
      ❸ 2 2
  ─────────
    1 4 5 2
 ❹
```

②
```
      7 1 8
      5 9 3
  +   4 2 8
  ─────────
 ❶  1 6
    ❷ 1 2
      ❸ 1 9
  ─────────
    1 7 3 9
 ❹
```

③
```
      6 8 1
      1 4 2
  +   7 3 1
  ─────────
 ❶  1 4
    ❷ 1 5
      ❸ 4
  ─────────
    1 5 5 4
 ❹
```

④
```
      9 1 8
      3 5 7
  +   5 6 1
  ─────────
 ❶  1 7
    ❷ 1 2
      ❸ 1 6
  ─────────
    1 8 3 6
 ❹
```

05 마방진(3×3)을 만들어 보자

인도 사원이나 교육경전에서도 많이 찾아볼 수 있는 마방진은 가로 · 세로 · 대각선 각각 어느 방향으로 숫자를 더해도 합이 같게 만든 것을 말한다. 마방진을 만들어 보자.

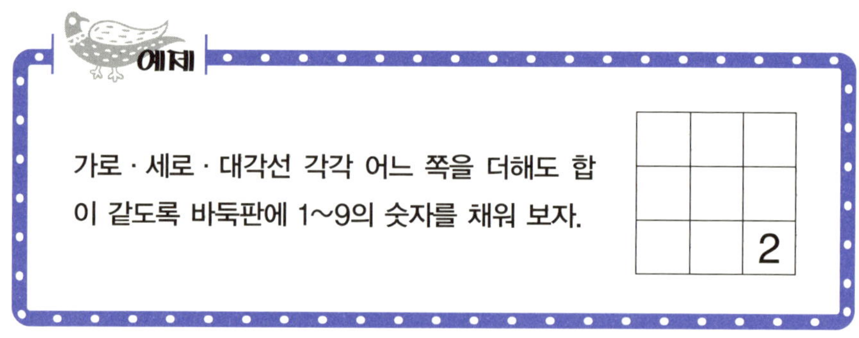

☀ 풀이

1 2를 통과하도록 대각선 화살표를 긋고, 그 화살표와 평행이 되도록 화살표 2줄을 더 긋는다.

오른쪽과 같이 화살표를 세 줄 긋는다.

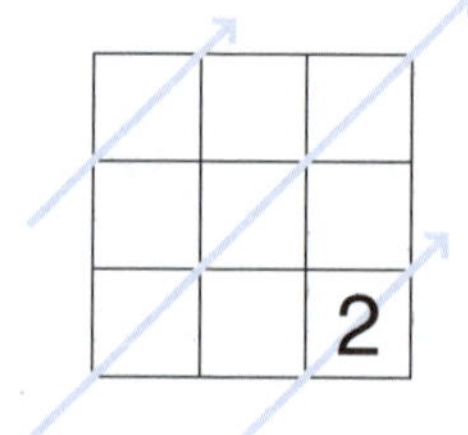

2 화살표를 따라 1·2·3·4·5·6·7·8·9를 쓴다.

1→2→3, 4→5→6, 7→8→9를 순서대로 쓴다.

> 칸에 들어가지 않는 숫자는 칸 밖에 써 둔다.

3 칸 밖에 있는 숫자를 작은 수부터 순서대로 가장 반대편 칸에 넣는다.

칸 밖의 1을 반대편 칸인 8과 6 사이에 쓴다. 마찬가지로 3은 8과 4 사이에, 7은 6과 2 사이에, 9는 4와 2 사이에 쓴다.

4 가로·세로·대각선으로 덧셈을 해서 확인한다.

가로·세로·대각선 각각 어느 쪽을 더해도 15가 되어 마방진이 완성된다.

화살표를 참고하여 1~9의 숫자를 채워 마방진을 만들어 보자.

① 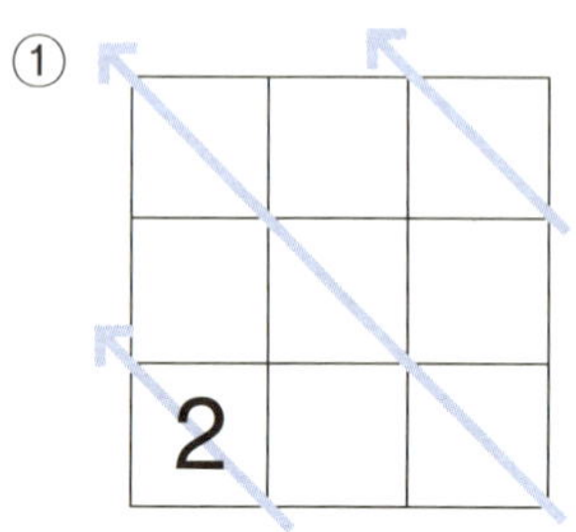

② 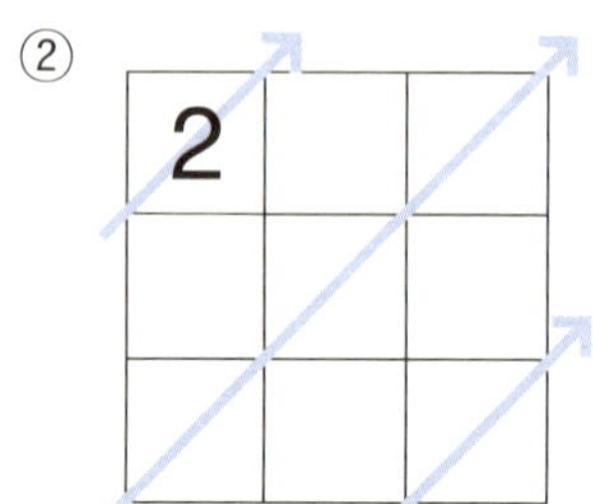

③ 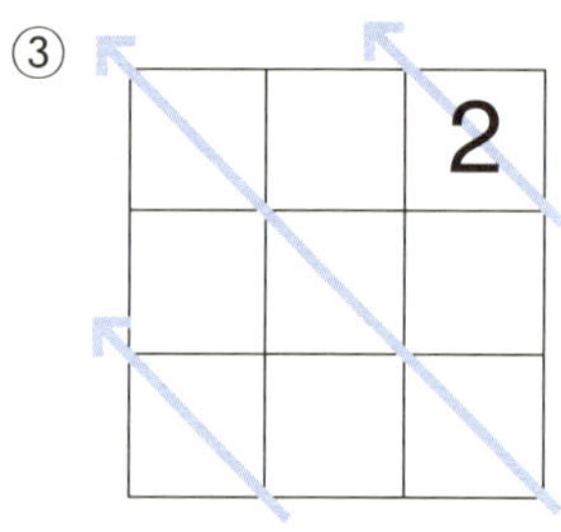

④ 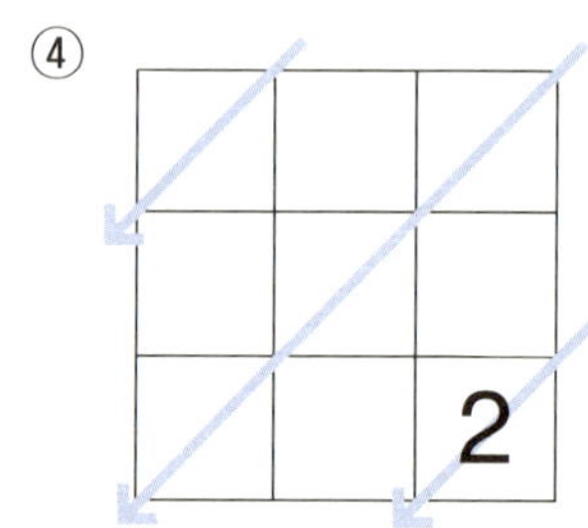

⑤ 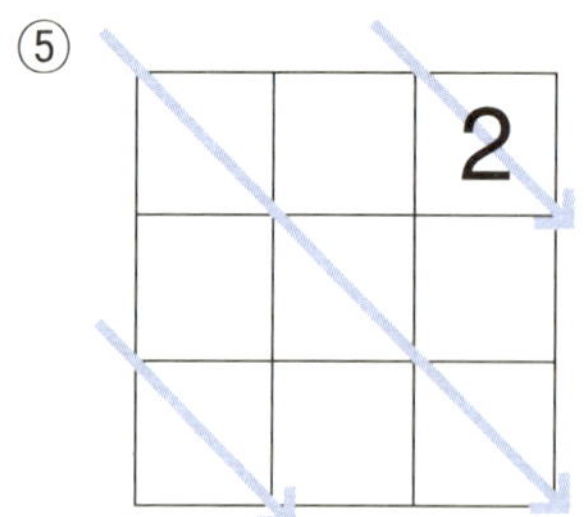

⑥ 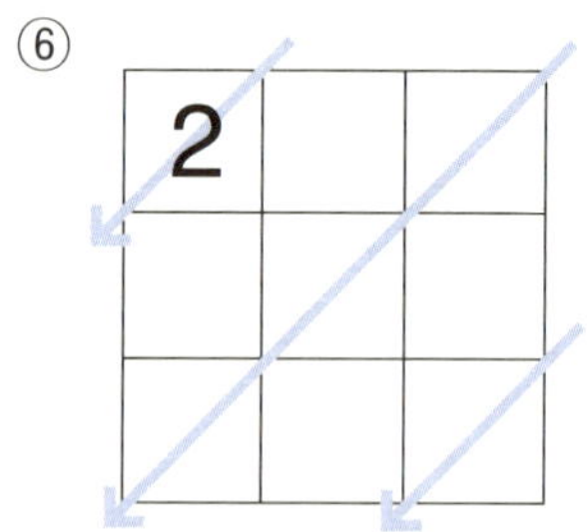

풀이 방법을 확인하면서 답을 맞춰 보자.

① 9 / 3 [6 1 8 / 7 5 3 / 2 9 4] 7 / 1

② 3 / 1 [2 7 6 / 9 5 1 / 4 3 8] 9 / 7

③ 3 / 9 [6 7 2 / 1 5 9 / 8 3 4] 1 / 7

④ 7 / 9 [8 3 4 / 1 5 9 / 6 7 2] 1 / 3

⑤ 1 / 7 [4 9 2 / 3 5 7 / 8 1 6] 3 / 9

⑥ 1 / 3 [2 9 4 / 7 5 3 / 6 1 8] 7 / 9

06 마방진(5×5)을 만들어 보자

3×3 크기의 마방진을 잘 만들 수 있었다면 5×5의 마방진도 같은 방법으로 만들 수 있다.

예제

가로 · 세로 · 대각선 어느 쪽을 더해도 합이 같도록 바둑판에 1~25의 숫자를 채워 보자.

3				

☀ 풀이

1 3을 통과하도록 대각선으로 화살표를 긋고 그 화살표와 평행이 되도록 4줄의 화살표를 긋는다.
오른쪽과 같이 화살표 다섯 줄을 긋는다.

2 화살표를 따라 1·2·3·
   4·5, 6·7·8·9·10, …
   으로 5개씩 숫자를 쓴다.

   1~5, 6~10, 11~15, 16~20,
   21~25의 순서대로 화살표를
   따라 쓴다.

   칸에 들어가지 않는 숫자는 칸 밖
   에 써 둔다.

3 칸 밖에 있는 숫자를 작은
   수부터 순서대로 가장 반대
   편 비어 있는 칸에 넣는다.

   칸 밖의 1을 반대편 칸에 써
   넣는다. 다른 숫자도 순서대
   로 같은 방법으로 써 넣는다.

① 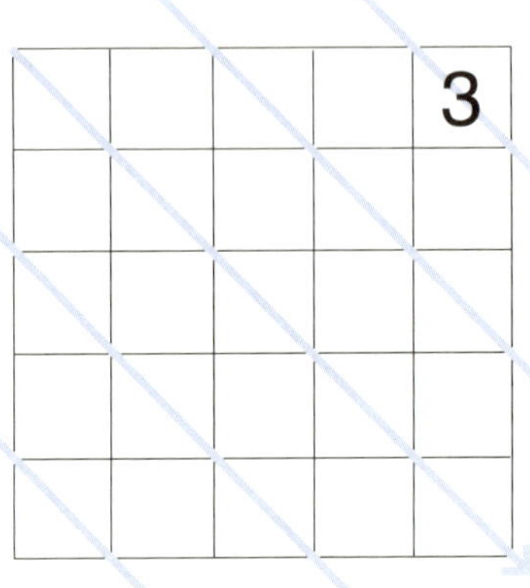

② 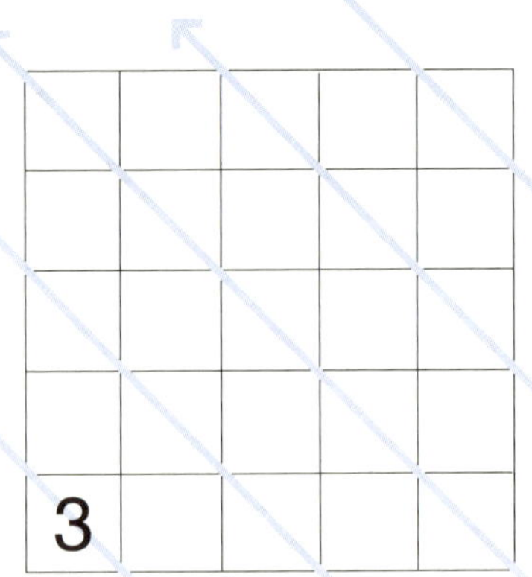

풀이 방법을 확인하면서 답을 맞춰 보자.

①

	1			
	6		2	
11	24	7	20	3
4	12	25	8	16
17	5	13	21	9
10	18	1	14	22
23	6	19	2	15

16 · 21 · 22 (왼쪽) / 4 · 5 · 10 (오른쪽) / 24 · 20 · 25 (아래)

②

	25			
	20		24	
15	2	19	6	23
22	14	1	18	10
9	21	13	5	17
16	8	25	12	4
3	20	7	24	11

10 · 5 · 4 (왼쪽) / 22 · 21 · 16 (오른쪽) / 2 · 6 · 1 (아래)

07 덧셈의 문장 문제

지금까지 소개한 인도식 덧셈술을 이용하여, 문장 문제에 도전해 보자.

예제

오늘은 동인도궁전에서 무도회가 있는 날이다. 모인 사람에게 대접할 빵을 만들기 위해 밀가루 385kg을 준비했다. 그러나 그 분량으로는 부족해서 북인도궁전에서 273kg, 남인도궁전에서 347kg을 모았다. 밀가루는 모두 몇 kg일까?

 **풀이**

1 무엇을 구해야 하는 문제인지 생각한다.

빵을 만들기 위해 모은 밀가루의 합계를 구해야 한다.

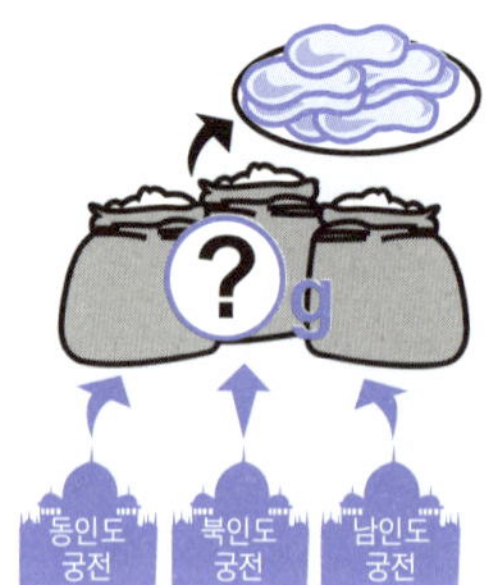

2 계산식을 생각한다.

원래 동인도궁전에서 밀가루 385kg을 준비했고 북인도궁전에서 273kg, 남인도궁전에서 347kg을 모았으므로 이 밀가루를 모두 합한다.

3 필산으로 계산한다.

385+273+347을 필산한다.

$$
\begin{array}{r}
3\ 8\ 5 \\
2\ 7\ 3 \\
+\quad 3\ 4\ 7 \\
\end{array}
$$

4 자리가 큰 쪽부터 세로로 더한다.

자리가 큰 쪽부터 순서대로 세로로 더하면 1005이므로 답은 1005kg이다.

> 일의 자리는 3과 7을 먼저 계산하면 편리하다.

$$
\begin{array}{r}
3\ 8\ 5 \\
2\ 7\ 3 \\
+\quad 3\ 4\ 7 \\
\hline
8 \\
1\ 9 \\
1\ 5 \\
\hline
9 \\
1\ 0\ 5 \\
1\ 0\ 0\ 5 \\
\end{array}
$$

답 **1005**kg

다음 문제를 읽고 답을 구하시오.

① 인도의 야채 집하장에 뭄바이 밭에서 471kg, 아그라 밭에서 532kg, 델리 밭에서 348kg의 감자가 도착했다. 야채 집하장에 모인 감자는 모두 몇 kg일까?

② 오늘은 타지마할*에 오전에 32451명, 오후에 42612명이 방문했다. 오늘 방문객은 전부 몇 명일까?

※ 타지마할 : 무굴제국의 황제 샤 자한이 건설한 건축물. 1983년에 세계문화유산으로 등록되었다.

오늘의 날짜   /   맞은 문제의 수   / 2문

풀이 방법을 확인하면서 답을 맞춰 보자.

① 뭄바이 밭, 아그라 밭, 델리 밭에서 모은 감자의 합계를 구한다.

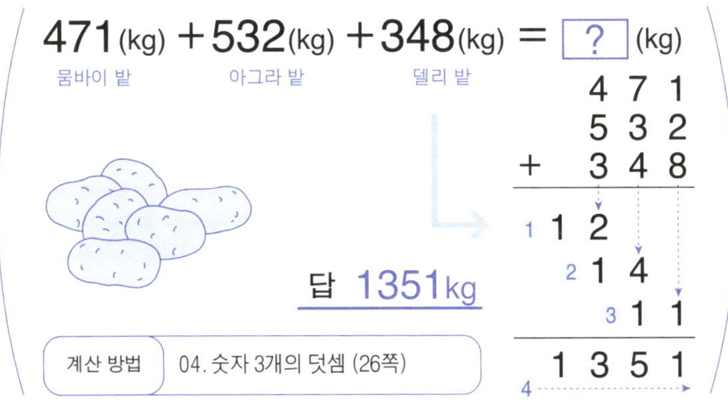

② 오전 오후 방문객을 더해 하루 동안 타지마할에 다녀간 방문객을 구한다.

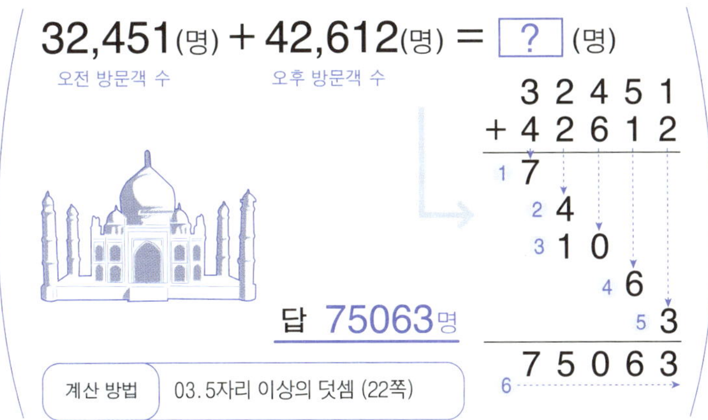

덧셈은 바둑판이나 필산을 이용하면 편리하지만 양쪽 모두 자리가 큰 쪽부터 계산하는 것이 기본이다.

1 바둑판을 이용한 계산술

346 + 72 = ?

+		3	4	6
0		3		
7		1	1	
2				8
답		4	1	8

더해지는 수와 더하는 수의 자리 수가 다를 때는 앞에 0을 붙여 자리 수를 맞추고 계산한다.

2  3개 수의 덧셈

356+738+421= ?

```
      3  5  6
      7  3  8
+     4  2  1
  1  1  4
  2  1  0
  3     1  5
  1  5  1  5
```

3 마방진 만들기

가로 · 세로 · 대각선 어느 쪽을 더해도 합이 같도록 빈 칸에 1~9의 숫자를 넣는 방법

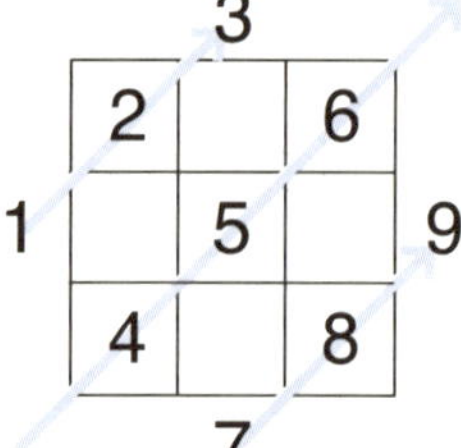

>>>

칸 밖의 숫자를 반대편 칸에 쓴다.

2	7	6
9	5	1
4	3	8

제 02 장

인도식 뺄셈

뺄셈 연산은 빼는 수를 변형하여 계산을 재정리하는 것이 포인트이다. 내림을 생각하지 않고 뺄셈을 하는 것이 인도식 계산법이다. 덧셈을 이용해 뺄셈을 하는 방법도 소개한다.

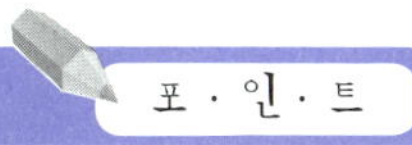

빼기의 빼기는 더하기가 된다.

01 빼는 수가 두 자리 수인 뺄셈

두 자리 수를 빼는 계산은 빼는 수를 '십의 묶음－?'로 바꿔서 계산하면 내림을 생각하지 않고 계산할 수 있다.

예제

$$56 - 27 = (\ ? \ )$$

빼지는 수   빼는 수

☀ 풀이

1 빼지는 수를 십의 자리와 일의 자리로 구분한다.

56을 50과 6으로 나눈다.

2 십의 자리 합계를 쓴다.

27을 30과 −3으로 나눈다.

> 27에 몇을 더하면 십의 묶음(=30)이 되는지 생각한다.

3 **1**과 **2**를 세로로 나열하여 뺀다.

50과 6, 30과 −3을 십의 자리, 일의 자리로 나누어 세로로 나열한다. 빼는 수 앞에는 −를 붙인다.

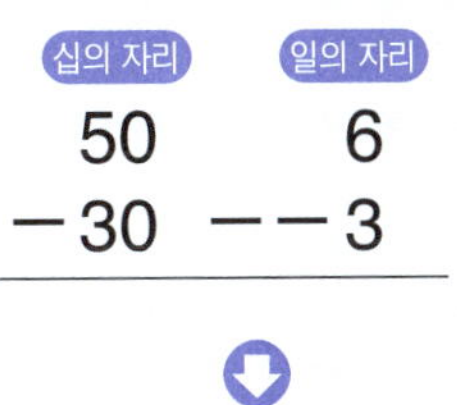

4 십의 자리, 일의 자리 순서로 계산한다.

십의 자리 50−30과 일의 자리 6+3을 계산한다.

> −가 두 개면 +가 된다. 중학교 1학년 과정에서 자세히 배운다.

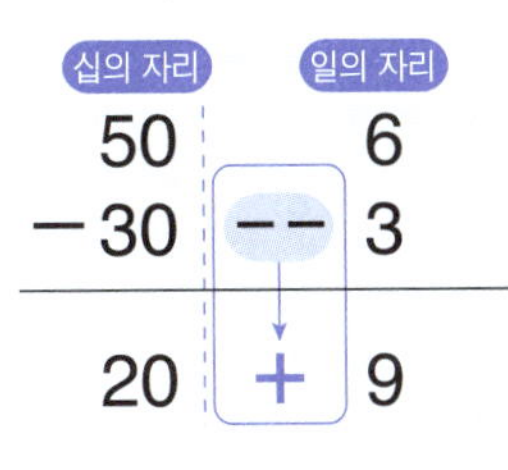

5 십의 자리와 일의 자리를 더한다.

십의 자리 20과 일의 자리 9를 더하여 답은 29가 된다.

사 고 하 는 힘

왜 빼는 수를 '십의 묶음 − ? ' 로 바꿔 계산하는 걸까?

◆ 내림 계산을 하지 않아도 되기 때문이다.

빼는 수 27에 아래 그림과 같이 3을 더하면 30이라는 딱 떨어지는 숫자가 된다. 이렇게 해서 십의 자리는 50−30, 일의 자리는 빼지는 수 6에 필요 없이 뺀 3을 더하면 답이 나온다. 이렇게 하면 내림을 생각하지 않고 계산할 수 있다.

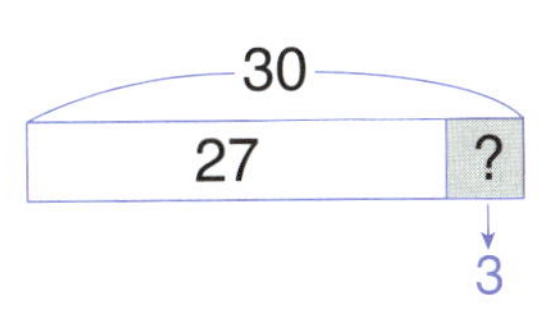

큰 자리부터 빼는 방법으로 계산해 보자.

① 53 − 18 =

② 75 − 29 =

③ 37 − 19 =

④ 68 − 49 =

⑤ 651 − 27 =

⑥ 231 − 58 =

풀이 방법을 확인하면서 답을 맞춰 보자.

① $53 - 18 = 35$

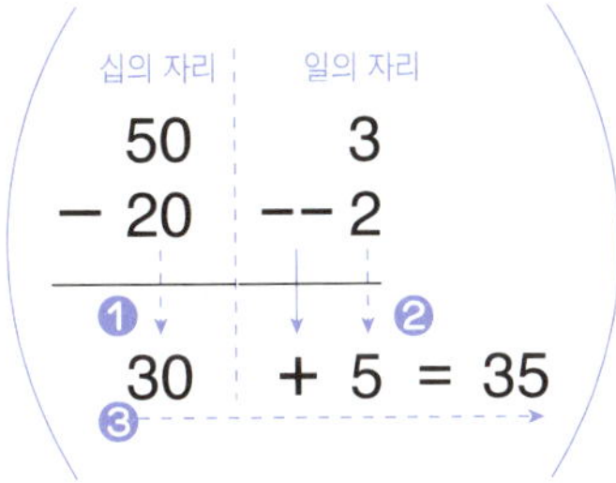

② $75 - 29 = 46$

③ $37 - 19 = 18$

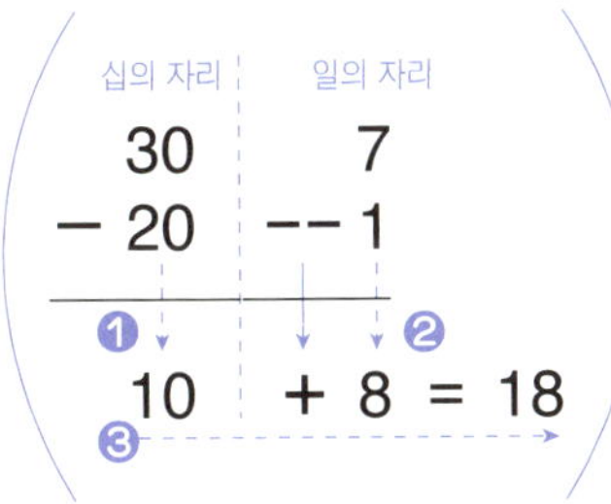

④ $68 - 49 = 19$

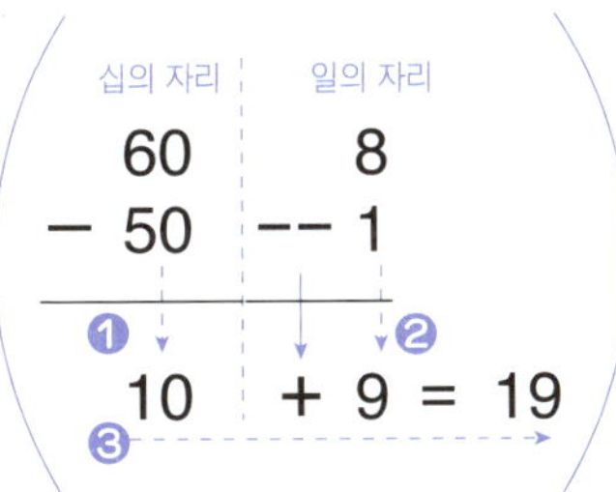

⑤ $651 - 27 = 624$

⑥ $231 - 58 = 173$

 빼는 수가 세 자리 수인 뺄셈

세 자리 수를 빼는 뺄셈은 먼저 백의 자리 이상의 뺄셈을 하고 그 답을 이용하여 다음 계산을 한다.

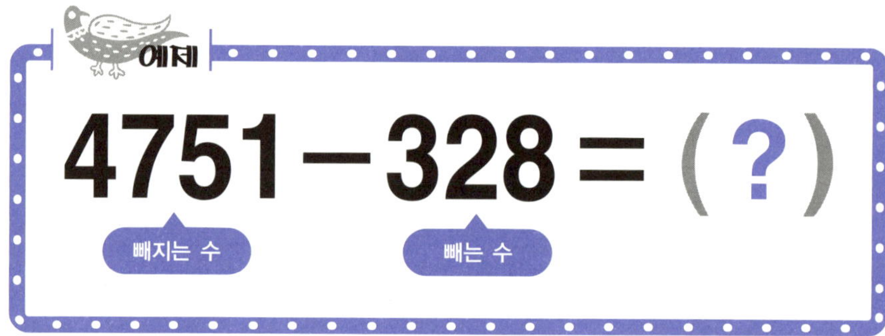

☀ 풀이

1 빼지는 수를 백의 자리까지와 그 이하의 자리로 구분한다.

4751을 4700과 51로 나눈다.

> 세 자리 수인 경우는 백의 자리와 그 이외의 자리로 나눈다.

2 빼는 수를 백의 자리와 그 이외의 자리로 구분한다.

328을 300과 28로 나눈다.

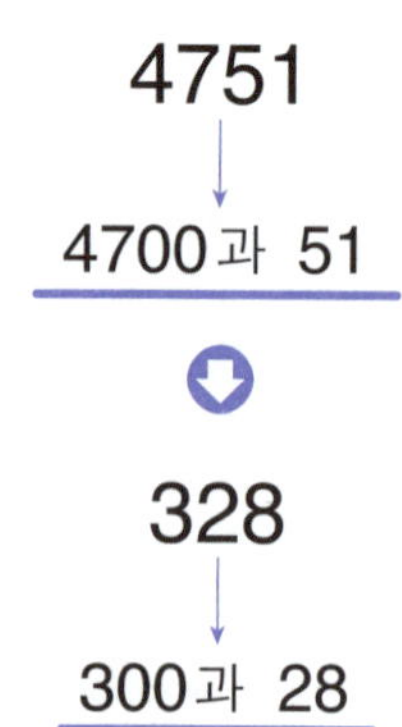

3 빼는 수의 백의 자리 이외의 숫자가 십의 묶음에서 몇을 뺀 수인지 생각한다.

2의 28을 30과 −2로 나눈다.

> 28에 몇을 더하면 십의 묶음(=30)이 되는지 생각한다.

4 백의 자리 이상의 수부터 계산한다.

4700에서 300을 뺀다.

5 **4**의 답에서 **3**의 딱 떨어지는 수를 뺀다.

4의 계산 결과 4400에서 30을 뺀다.

6 나머지 수를 더한다.

51과 2를 더한다.

> −가 두 개면 +가 된다. 중학교 1학년 과정에서 자세히 배운다.

7 2개의 계산 결과를 더한다.

계산한 4370과 53을 더한다.

> [덧셈 01. 바둑판을 이용한 기본 덧셈], [덧셈 02. 바둑판을 이용한 자리 수가 다른 덧셈]을 참고해 계산하자. (14쪽, 18쪽)

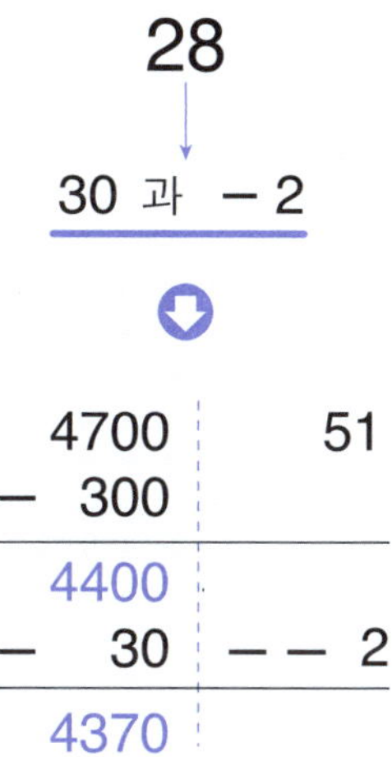

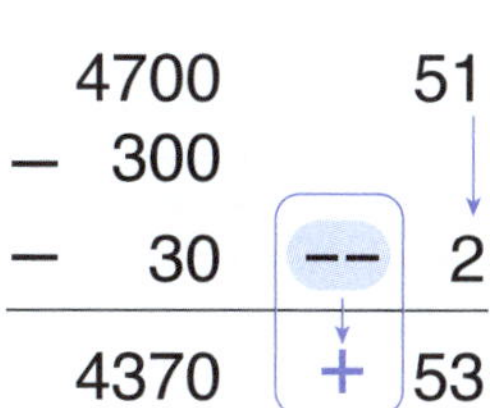

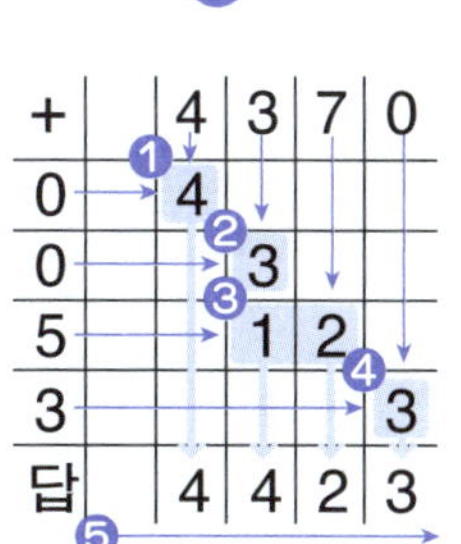

답 4423

다음 계산을 잘 생각하여 풀어 보자.

① 738 − 349 =

② 452 − 278 =

③ 7638 − 419 =

④ 8251 − 538 =

풀이 방법을 확인하면서 답을 맞춰 보자.

① **738 − 349 = 389**

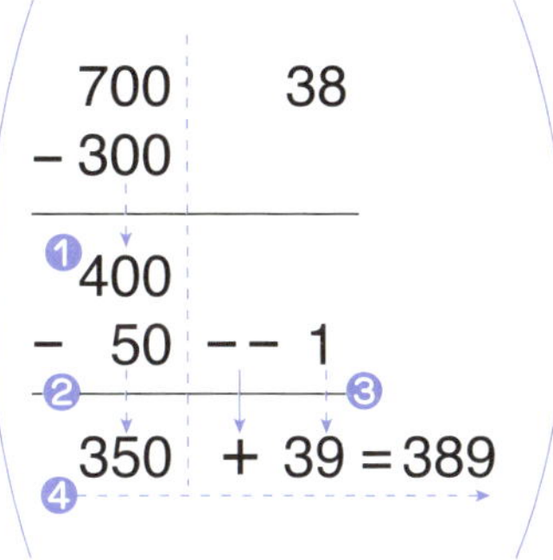

② **452 − 278 = 174**

③ **7638 − 419 = 7219**

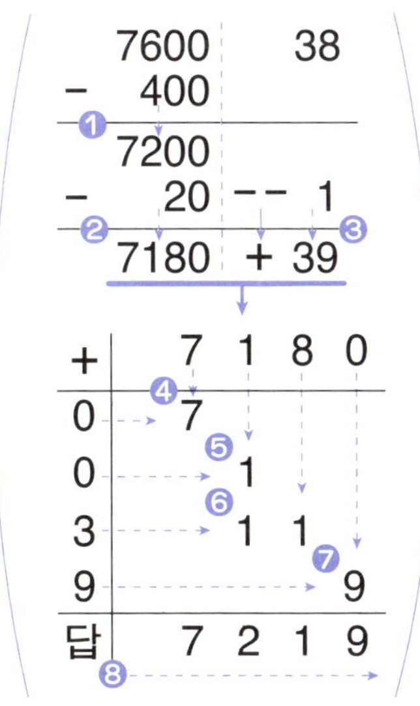

④ **8251 − 538 = 7713**

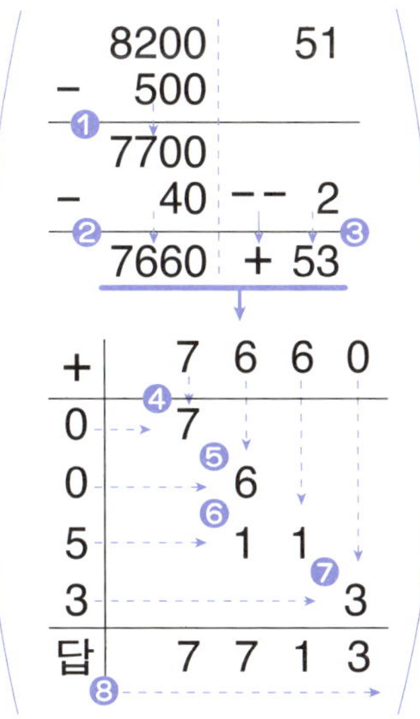

03 빼지는 수가 100인 경우

빼지는 수가 100일 때는 먼저 '99−빼는 수'를 계산한 후 마지막에 1을 더하여 답을 구한다.

예제

$$100 - 27 = (?)$$

빼지는 수   빼는 수

풀이

1 100을 99와 1로 나눈다.

빼지는 수 100을 99와 1로 나눈다.

$$100$$
$$\downarrow$$
$$100 = 99 + 1$$

2 '99 − 빼는 수'를 계산한다.

99−27을 필산한다.

$$\begin{array}{r} 9\ 9 \\ -\ \ 2\ 7 \\ \hline \end{array}$$

③ 십의 자리 뺄셈을 한다.

9-2를 계산한다.

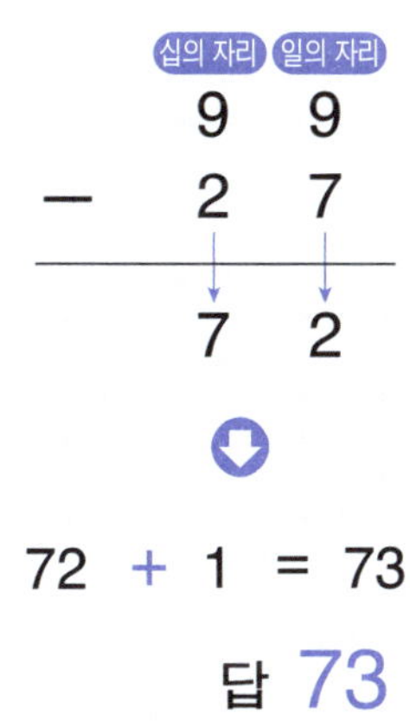

④ 일의 자리 뺄셈을 한다.

9-7을 계산한다.

⑤ ③과 ④의 계산 결과에 1을 더한다.

72에 1을 더한 73이 답이 된다.

$$72 + 1 = 73$$

답 73

사 고 하 는 힘

왜 빼지는 수를 99와 1로 나누는 걸까?

◆ 내림을 생각하지 않고 계산할 수 있기 때문이다.

예제를 학교에서 배우는 필산 방법으로 풀어보면 오른쪽과 같다.

즉, 내림을 생각하지 않으면 안 된다. 그러나 99에서 빼면 내림을 생각하지 않아도 된다.

다음 문제를 잘 생각하여 풀어 보자.

① 100 − 87 =

② 100 − 51 =

③ 100 − 14 =

④ 100 − 26 =

⑤ 100 − 64 =

⑥ 100 − 73 =

풀이 방법을 확인하면서 답을 맞춰 보자.

① **100 − 87 = 13**

$$
\begin{array}{r}
9\ 9 \\
-\ 8\ 7 \\
\hline
1\ 2 + 1 = 13
\end{array}
$$

② **100 − 51 = 49**

$$
\begin{array}{r}
9\ 9 \\
-\ 5\ 1 \\
\hline
4\ 8 + 1 = 49
\end{array}
$$

③ **100 − 14 = 86**

$$
\begin{array}{r}
9\ 9 \\
-\ 1\ 4 \\
\hline
8\ 5 + 1 = 86
\end{array}
$$

④ **100 − 26 = 74**

$$
\begin{array}{r}
9\ 9 \\
-\ 2\ 6 \\
\hline
7\ 3 + 1 = 74
\end{array}
$$

⑤ **100 − 64 = 36**

$$
\begin{array}{r}
9\ 9 \\
-\ 6\ 4 \\
\hline
3\ 5 + 1 = 36
\end{array}
$$

⑥ **100 − 73 = 27**

$$
\begin{array}{r}
9\ 9 \\
-\ 7\ 3 \\
\hline
2\ 6 + 1 = 27
\end{array}
$$

04 빼지는 수가 1000일 경우

빼지는 수가 1000일 때는 먼저 '999-빼는 수'를 계산한 후 마지막에 1을 더하여 답을 구한다.

예제

$$1000 - 732 = (\ ?\ )$$

☀ 풀이

1 1000을 999와 1로 나눈다.

빼지는 수 1000을 999와 1로 나눈다.

2 '999-빼는 수'를 계산한다.

999-732를 필산한다.

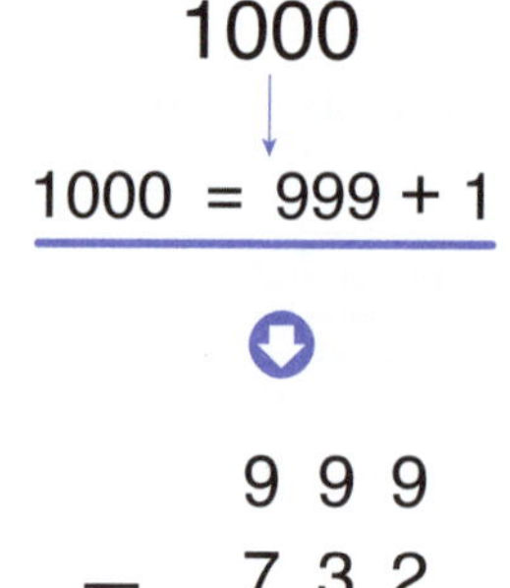

$$1000$$
$$\downarrow$$
$$1000 = 999 + 1$$

$$\begin{array}{r} 9\ 9\ 9 \\ -\ 7\ 3\ 2 \\ \hline \end{array}$$

③ 백의 자리 뺄셈을 한다

9−7을 계산한다.

④ 십의 자리 뺄셈을 한다.

9−3을 계산한다.

⑤ 일의 자리 뺄셈을 한다.

9−2를 계산한다.

⑥ ③∼⑤의 계산 결과에 1을 더한다.

267에 1을 더한 268이 답이 된다.

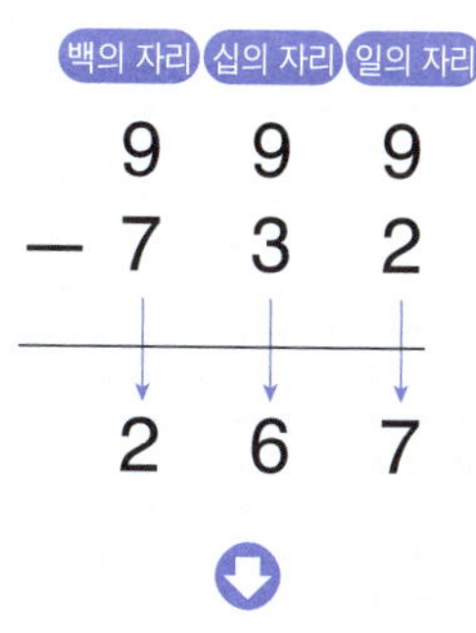

사 고 하 는 힘

왜 빼지는 수를 999와 1로 나누는 걸까?

◆ 내림을 생각하지 않고 계산할 수 있기 때문이다.

빼지는 수의 각 자리를 9로 하면 내림을 생각할 필요가 없다. 단 마지막
에 1을 더하는 것을 잊어버리지 않도록 주의해야 한다.
물론 계산은 자리가 큰 쪽부터 한다.

다음 문제를 잘 생각하여 풀어 보자.

① 1000 − 542 =

② 1000 − 738 =

③ 1000 − 104 =

④ 1000 − 82 =

⑤ 1000 − 14 =

⑥ 1000 − 5 =

오늘의 날짜　　　　／

맞은 문제의 수　　　　／ 6문

풀이 방법을 확인하면서 답을 맞춰 보자.

① 1000 − 542 = 458

$$999 - 542$$
$$457 + 1 = 458$$

② 1000 − 738 = 262

$$999 - 738$$
$$261 + 1 = 262$$

③ 1000 − 104 = 896

$$999 - 104$$
$$895 + 1 = 896$$

④ 1000 − 82 = 918

$$999 - 82$$
$$917 + 1 = 918$$

⑤ 1000 − 14 = 986

$$999 - 14$$
$$985 + 1 = 986$$

⑥ 1000 − 5 = 995

$$999 - 5$$
$$994 + 1 = 995$$

05 뺄셈의 문장 문제

지금까지 배운 인도식 뺄셈술을 이용하여 문장 문제에 도전해 보자.

갠지스 강에서 저수지에 깊이 124cm까지 물을 넣었다. 그러나 가뭄이 계속되어 물이 증발하는 바람에 깊이가 89cm로 낮아졌다. 물은 몇 cm만큼 줄어든 것일까?

☀ 풀이

1 무엇을 구하면 답이 나올지 생각한다.

저수지의 물이 얼마나 줄었는지 그 깊이를 구해야 한다.

2 계산식을 생각한다.

원래 124cm 깊이였던 물이 89cm까지 줄었으므로 이 차를 계산한다.

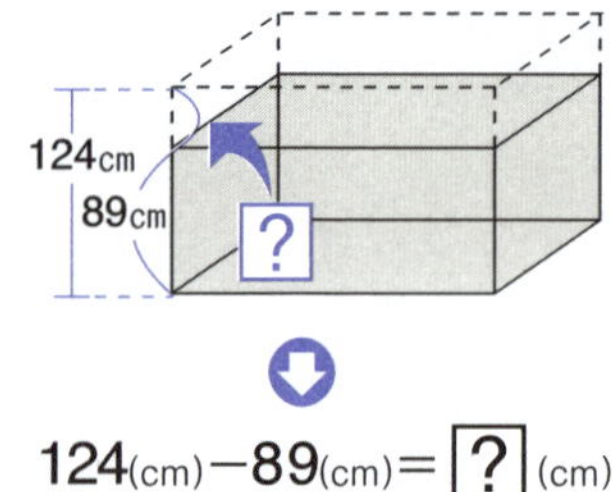

3 빼지는 수를 백의 자리와 그 이외의 자리로 나눈다.

124를 100과 24로 나눈다.

124
↓
100 과 24

4 빼는 수가 십의 묶음에서 몇을 뺀 수인지 생각한다.

89를 90과 −1로 나눈다.

> 89에 몇을 더하면 딱 떨어지는 수(=90)가 되는지 생각한다.

89
↓
90 과 −1

5 3과 4를 세로로 나열하여 뺀다.

100과 24, 90과 −1을 각각 세로로 나열한다. 빼는 수의 앞에는 −를 붙인다.

> −가 2개이면 +가 된다. 중학교 1학년 과정에서 자세히 배운다.

$$\begin{array}{rr} 100 & 24 \\ -\ 90 & -\ 1 \\ \hline \end{array}$$

6 자리가 높은 쪽부터 순서대로 계산한다.

100−90과 24+1을 계산하여 더하면 35이므로 답은 35cm가 된다.

$$\begin{array}{rr} 100 & 24 \\ -\ 90 & -\ 1 \\ \hline 10 & +\ 25 \end{array}$$

10 + 25 = 35

답 35cm

다음 문제를 읽고 답을 구하시오.

① 인도의 선물 가게에서 스카프를 835루피*에 팔고 있다. 78루피를 깎았다면, 얼마를 내면 될까?

※ 루피…인도 통화. 1루피는 약 30원이다.

② 인도의 다즐링*에서 홍차를 100g 구입하여 친구에게 나누어주고 58g 남았다. 친구에게 나누어준 홍차는 몇 g일까?

※ 다즐링…세계적인 홍차 생산지로 유명한 인도 동부의 산간지역

오늘의 날짜　　　／　　　　　맞은 문제의 수　　　／ 2문

풀이 방법을 확인하면서 답을 맞춰 보자.

① 가격을 깎은 후의 스카프는 얼마인지 구한다.

$$835(루피) - 78(루피) = \boxed{?}\,(루피)$$

스카프의 원래 가격 　 깎은 금액 　 지불한 금액

$$835 \rightarrow 800과\ 35 \qquad 78 \rightarrow 80과\ -2$$

$$\begin{array}{cc} 800 & 35 \\ -\ 80 & -\ 2 \end{array}$$

❶　❷

$$720 + 37 = 757$$

❸

답 757 루피

계산 방법 〉 뺄셈 01. 빼는 수가 두 자리 수인 뺄셈(44쪽)

② 친구에게 나누어준 홍차의 양을 구한다.

$$100\,(g) - 58\,(g) = \boxed{?}\,(g)$$

구입한 홍차의 양 　 남은 홍차의 양 　 친구에게 준 홍차의 양

$$100 = 99 + 1$$

$$\begin{array}{cc} 9 & 9 \\ -\ 5 & 8 \end{array}$$

❶　❷

$$4\ 1 + 1 = 42$$

❸

답 42g

계산 방법 〉 뺄셈 03. 빼지는 수가 100인 경우(52쪽)

뺄셈은 빼는 수를 '딱 떨어지는 수−?'로 만들고 나서 계산하는 것이 포인트이다. 확실히 익혀 두자.

1 두 자리 수끼리의 뺄셈

$$84 - 29 = \boxed{?}$$

$84 \rightarrow 80$과 4
$29 \rightarrow 30$과 -1

십의 자리	일의 자리
80	4
− 30	−− 1

❶   ❷
50   + 5 $= 55$
❸

2 세 자리 수 − 두 자리 수의 뺄셈

$$316 - 78 = \boxed{?}$$

$316 \rightarrow 300$과 16
$78 \rightarrow 80$과 -2

300	16
− 80	−− 2

❶   ❷
220   + 18 $= 238$
❸

3 네 자리 수 − 세 자리 수의 뺄셈

$$3264 - 538 = \boxed{?}$$

$3264 \rightarrow 3200$과 64
$538 \rightarrow 500$과 40과 -2

3200	64	❸
− 500		+ 2 6 6 0
		0 → 2
2700		0 → 6
		6 → 1 2
− 40	−− 2	6 → 6
❶	❷	답 2 7 2 6

2660   + 66 $= 2726$

4 빼지는 수가 100 또는 1000일 경우

$$1000 - 538 = \boxed{?}$$

$1000 \rightarrow 999$과 1

9	9	9
− 5	3	8

❶ ❷ ❸
4   6   1 $+ 1 = 462$
❹

빼지는 수가 100일 때는 '99−빼는 수'를 계산하여 1을 더한다.

제 03 장

인도식 곱셈

인도식 계산에서 가장 재미있고 근사한 부분이 바로 곱셈이다. 지금까지 시간을 들여 풀었던 문제가 마치 마법처럼 술술 풀리는 곱셈 패턴을 소개한다.

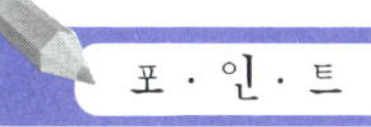

곱셈은 바둑판 표를 사용하면 편리하다!

01 두 자리 수의 곱셈

두 자리 수×두 자리 수의 곱셈은 바둑판 표를 이용하면 편리하다. 자리 수를 정하거나 올림을 신경 쓰지 않고 계산할 수 있기 때문이다.

예제

$$56 \times 38 = (\ ?\ )$$

곱해지는 수 　　　 곱하는 수

☀ 풀이

1 바둑판 표를 준비한다.

가로와 세로를 3줄씩 긋고 곱해지는 수를 오른쪽과 같이 해당 칸에 넣는다. 숫자가 채워지지 않은 칸에는 대각선을 긋는다.

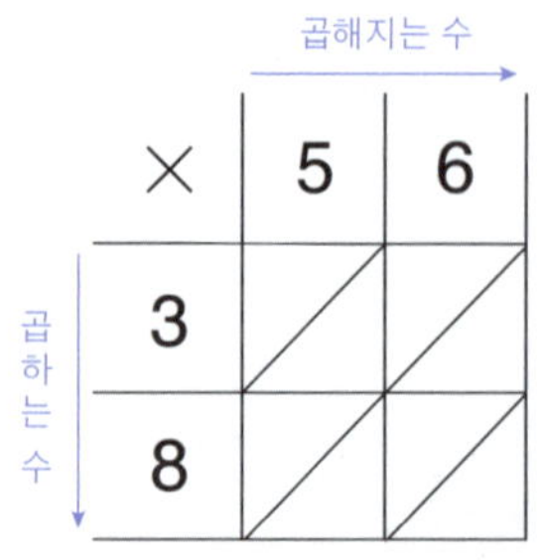

2 십의 자리끼리 곱한 값을 쓴다.

56의 십의 자리 5와 38의 십의 자리 3을 곱한 15(**①**)를 5와 3이 교차하는 칸의 대각선 좌우에 1자씩 쓴다.

3 다른 수도 같은 방법으로 곱하여 써넣는다.

$6 \times 3 = 18$(**②**), $5 \times 8 = 40$(**③**), $6 \times 8 = 48$(**④**)을 각각 교차하는 칸의 대각선 좌우에 1자씩 쓴다.

> 곱한 값이 한 자리 수라면 칸의 왼쪽에 '0'을 쓴다.

4 써넣은 답을 오른쪽 위부터 왼쪽 아래로 더한다.

대각선을 따라 숫자를 더한다. 위부터 1, 1+5+4=10, 8+4+0=12, 8이 되고 답은 2128이 된다.

답 <u>2128</u>

바둑판 표를 사용하여 계산해 보자.

① 57 × 42 =

×	5	7
4		
2		

② 28 × 61 =

×	2	8
6		
1		

③ 37 × 67 =

×	3	7
6		
7		

④ 58 × 13 =

×	5	8
1		
3		

⑤ 94 × 58 =

×	9	4
5		
8		

⑥ 34 × 52 =

×	3	4
5		
2		

오늘의 날짜 ___________/___________

맞은 문제의 수 ___________ / 6문

※ 정답 생략

풀이 방법을 확인하면서 답을 맞춰 보자.

① **57 × 42 = 2394**

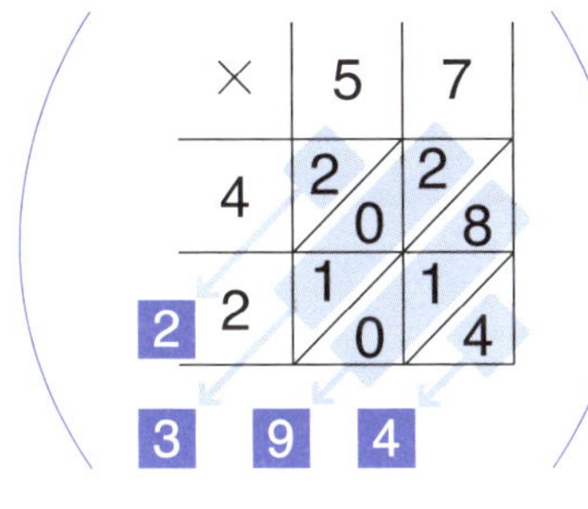

② **28 × 61 = 1708**

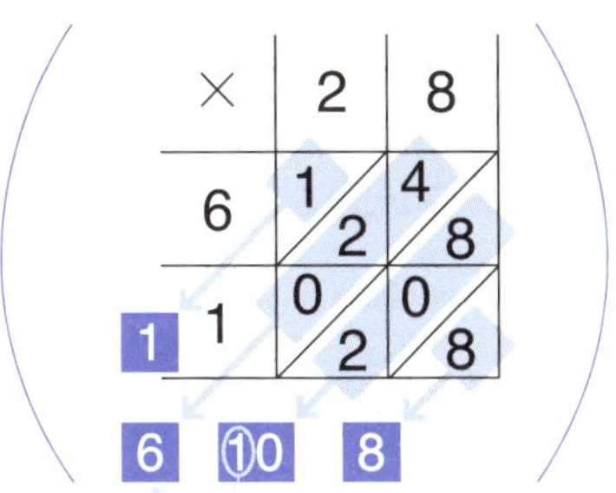

③ **37 × 67 = 2479**

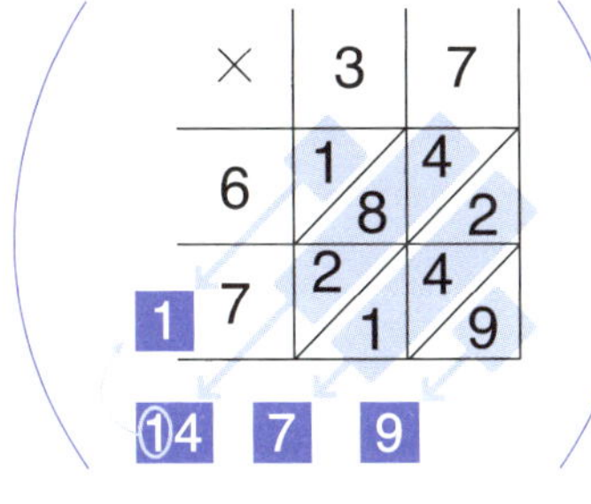

④ **58 × 13 = 754**

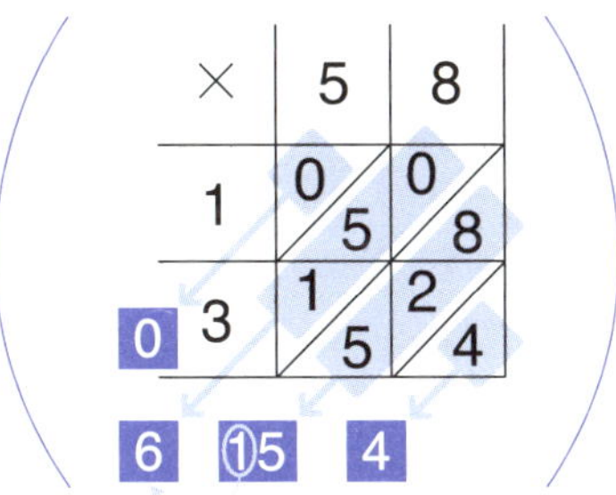

⑤ **94 × 58 = 5452**

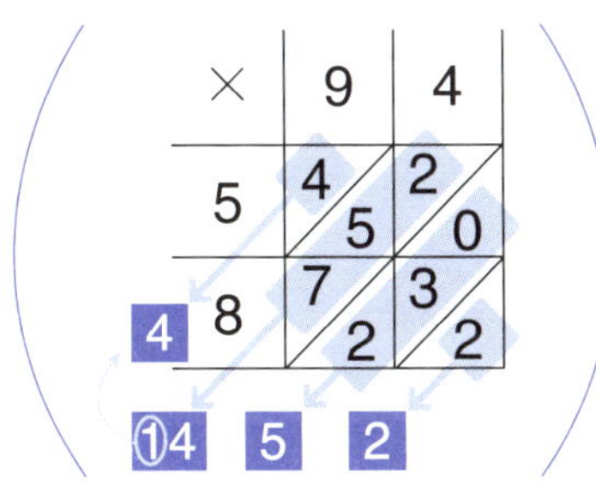

⑥ **34 × 52 = 1768**

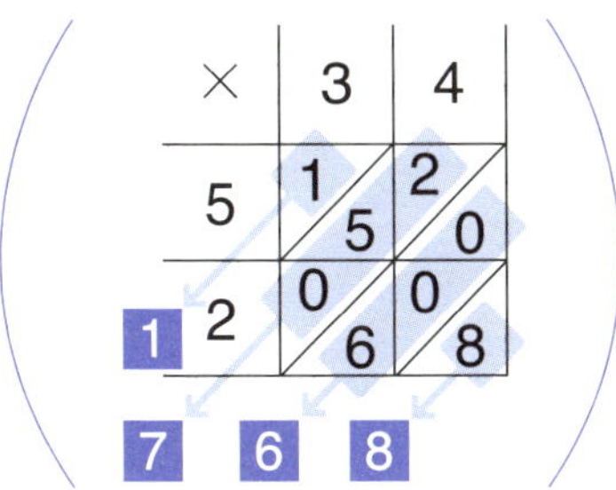

02 자리 수가 많을 때 사용하는 곱셈술

곱하는 수가 세 자리 수일 때도 바둑판 표를 이용하면 금방 곱셈을 할 수 있다. 바둑판 표를 잘 그리는 것이 계산 실수를 막는 포인트이다.

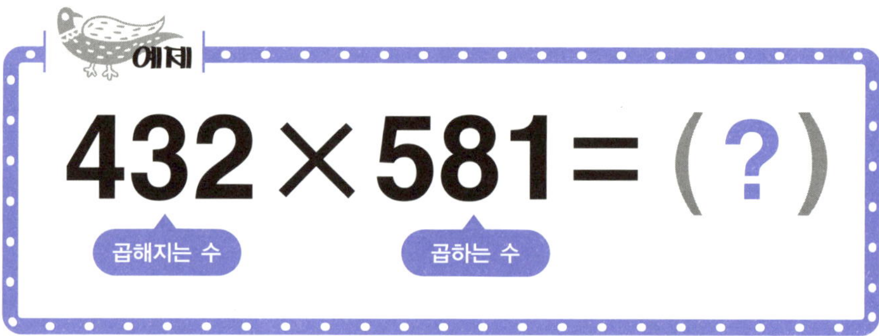

$$432 \times 581 = (\,?\,)$$

풀이

1 바둑판 표를 준비한다.

가로와 세로를 4줄씩 긋고 곱해지는 수와 곱하는 수를 오른쪽과 같이 해당 칸에 쓴다. 숫자가 채워지지 않은 칸에는 대각선을 긋는다.

곱해지는 수

×	4	3	2
5			
8			
1			

곱하는 수

2 곱셈의 답을 해당 칸에 써넣는다.

$4 \times 5 = 20$(❶), $3 \times 5 = 15$(❷), $2 \times 5 = 10$(❸), $4 \times 8 = 32$(❹), $3 \times 8 = 24$(❺), $2 \times 8 = 16$(❻), $4 \times 1 = 4$(❼), $3 \times 1 = 3$(❽), $2 \times 1 = 2$(❾)를 교차하는 칸의 대각선 좌우에 1문자씩 쓴다.

> 곱셈의 답이 1자리 수일 때는 칸의 왼쪽에 '0'을 쓴다.

3 써넣은 답을 오른쪽 위부터 왼쪽 아래로 더한다.

대각선을 따라 숫자를 더한다. 위부터 2, 1+0+3=4, 1+5+2+2+0=10, 0+1+4+0+4=9, 6+0+3=9, 2가 된다.

4 3의 계산 결과를 왼쪽부터 순서대로 쓴다.

올림이 있는 곳은 더하는 것을 잊지 말자. 답은 250992가 된다.

답 250992

바둑판 표를 사용하여 계산해 보자.

① 487 × 35 =

×	4	8	7
3			
5			

② 863 × 57 =

×	8	6	3
5			
7			

③ 373 × 428 =

×	3	7	3
4			
2			
8			

④ 531 × 619 =

×	5	3	1
6			
1			
9			

오늘의 날짜   /

맞은 문제의 수   / 4문

풀이 방법을 확인하면서 답을 맞춰 보자.

① **487 × 35 = 17045**

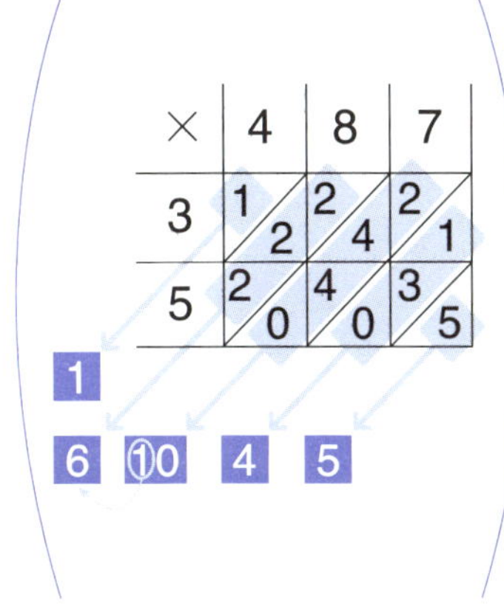

② **863 × 57 = 49191**

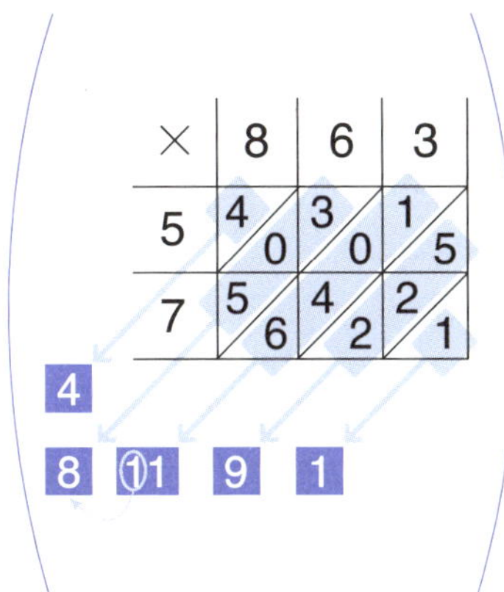

③ **373 × 428 = 159644**

④ **531 × 619 = 328689**

03 둘 중 한 수가 11인 곱셈

곱해지는 수 또는 곱하는 수가 11인 계산은 덧셈만 해도 답을 구할 수 있다. 무척 멋지고 재미있는 방법이다.

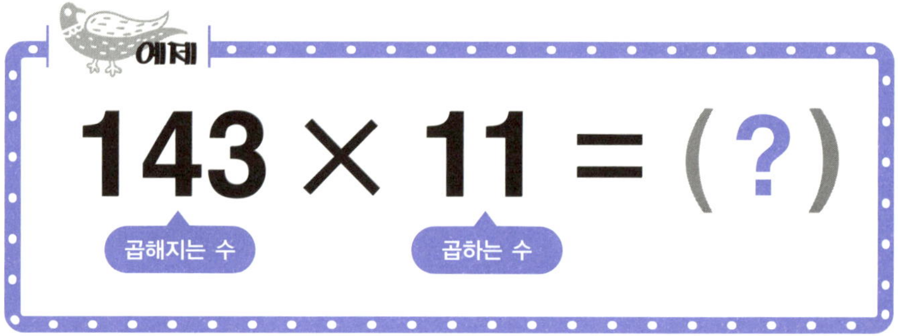

☼ 풀이

1 11이 아닌 쪽 숫자의 왼쪽과 오른쪽에 0을 붙인다.

143에서, 1의 왼쪽과 3의 오른쪽에 0을 붙인다.

> 곱하는 수와 곱해지는 수 중 어느 쪽이 11이라도 방법은 같다.

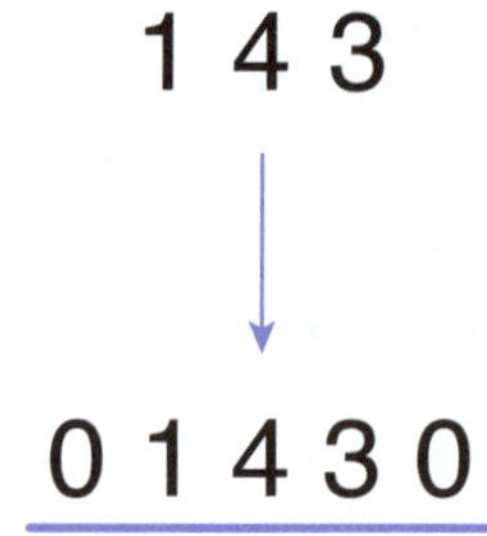

2 **1**을 왼쪽부터 2개씩 더한다.

01430을 왼쪽부터 2개씩 순서대로 더한다.

0+1=1

1+4=5

4+3=7

3+0=3

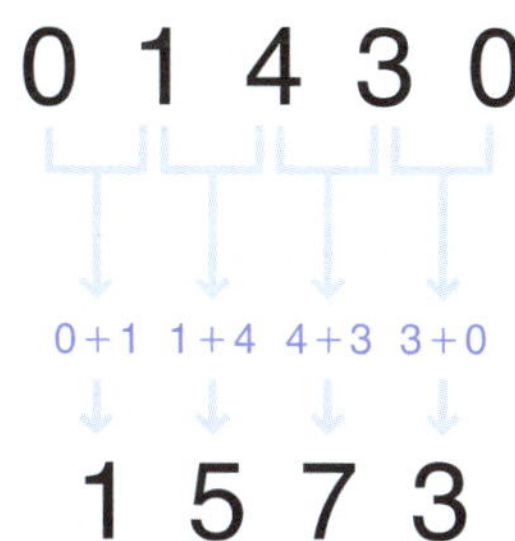

3 **2**의 계산 결과를 왼쪽부터 순서대로 나열한다.

1의 계산 결과를 왼쪽부터 순서대로 나열한 1573이 답이 된다.

답 __1573__

사 고 하 는 힘

어떻게 덧셈만으로 곱셈의 답이 나오는 걸까?

◆ 곱셈을 필산하는 과정을 압축하면 이와 같다.

예제 $143 \times 11 = \boxed{?}$ 을 필산으로 계산해 보자.

```
    143
×    11
─────────
   0143
   1430
─────────
   1573
```

를 잘 살펴보면 예제에서 푼 방법과 같은 계산임을 알 수 있다.

다음을 계산해 보자.

① 532 × 11 =

② 431 × 11 =

③ 126 × 11 =

④ 333 × 11 =

⑤ 562 × 11 =

⑥ 728 × 11 =

오늘의 날짜   /

맞은 문제의 수   / 6문

풀이 방법을 확인하면서 답을 맞춰 보자.

① **532 × 11 = 5852**

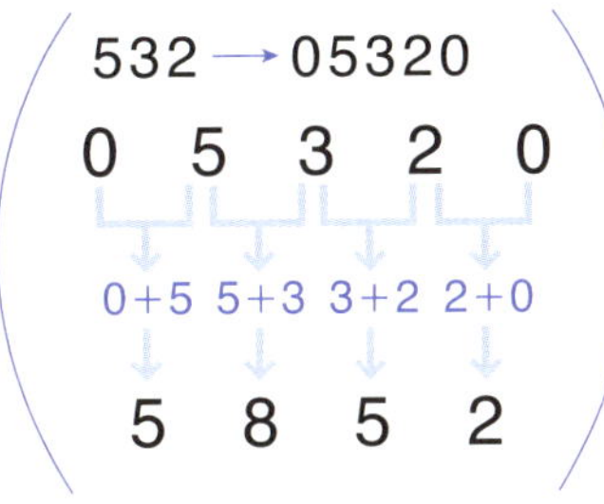

② **431 × 11 = 4741**

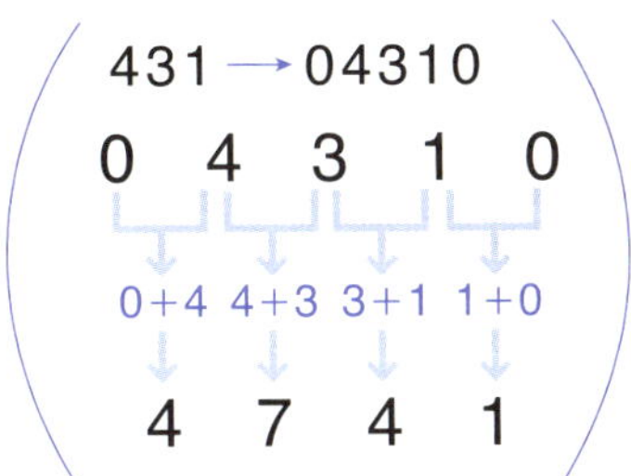

③ **126 × 11 = 1386**

④ **333 × 11 = 3663**

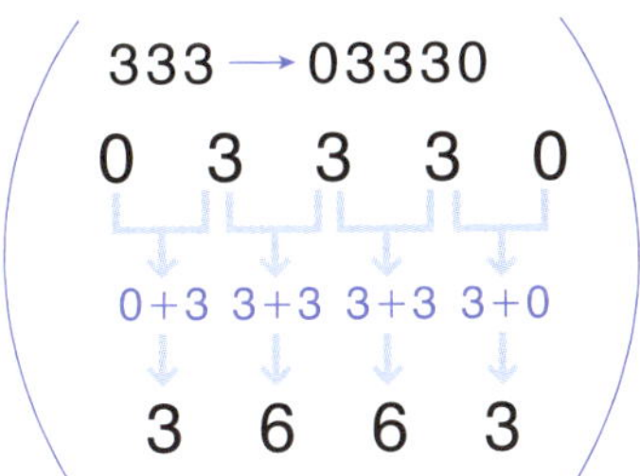

⑤ **562 × 11 = 6182**

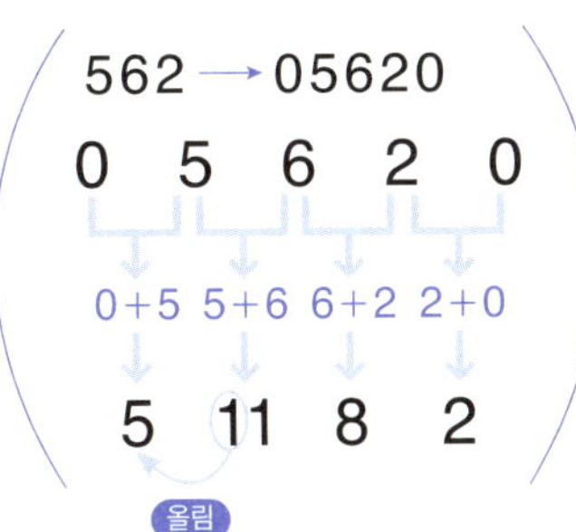

⑥ **728 × 11 = 8008**

04 100에 가까운 두 자리 수끼리의 곱셈

100에 가까운 두 자리 수 곱셈은 100까지 몇 남았는지를 생각하면 간단하게 계산할 수 있다.

예제

$$97 \times 92 = (\ ? \ )$$

곱해지는 수   곱하는 수

풀이

1 곱해지는 수와 곱하는 수가 각각 100이 되려면 얼마가 필요한지 생각한다.
97은 3, 92는 8이 있어야 100이 된다.

2 필산 형식으로 적고, 오른쪽 옆에 각각의 수가 100이 되기까지 필요한 수를 쓴다.
97×92를 필산하고, 97의 오른쪽에 3을, 92의 오른쪽에 8을 쓴다.

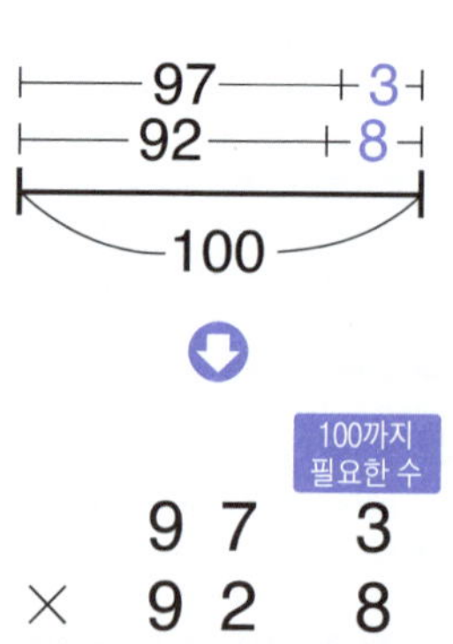

3 100이 되기까지 필요한 수끼리 곱한다.

3과 8을 곱한 24를 오른쪽과 같이 아래에 쓴다.

> 곱셈의 답이 한 자리일 때는 앞에 0을 붙인다.

$$\begin{array}{r} 9\;7\quad 3 \\ \times\quad 9\;2\quad 8 \\ \hline 2\;4 \end{array}$$

4 곱하는 수의 100이 되기까지 필요한 수를 곱해지는 수에서 뺀다.

97에서 8을 뺀 89를 오른쪽과 같이 써서 답은 8924가 된다.

$$\begin{array}{r} 97\quad 3 \\ \times\quad 92\quad 8 \\ \hline 89\;\;24 \qquad 97-8=89 \end{array}$$

답 <u>8924</u>

사 고 하 는 힘

어떻게 이런 계산이 가능한 걸까?

◆ 직사각형의 면적을 이용하여 생각해 보면 알 수 있다.

세로 97cm, 가로 92cm의 직사각형의 면적(㉠)을 구한다고 생각해 보자. ㉠은 한 변이 100cm인 정사각형에서 ㉡+㉣과 ㉢+㉣을 빼고, 두 번 뺀 ㉣을 한 번 더한 값과 같다.

즉 $100×100-(8+3)×100=8900$에 ㉣ $3×8=24$를 더한 8924cm²임을 알 수 있다.

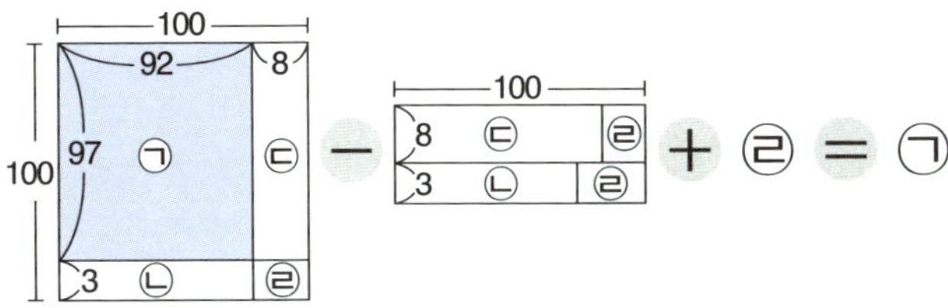

다음을 계산해 보자.

① 98 × 95 =

② 94 × 89 =

③ 93 × 97 =

④ 92 × 96 =

⑤ 90 × 95 =

⑥ 94 × 91 =

오늘의 날짜   /

맞은 문제의 수   / 6문

해답풀이

풀이 방법을 확인하면서 답을 맞춰 보자.

① **98 × 95 = 9310**

98 2
× 95 5   98−5 = 93
─────
9310

② **94 × 89 = 8366**

94 6
× 89 11   94−11 = 83
─────
8366

③ **93 × 97 = 9021**

93 7
× 97 3   93−3 = 90
─────
9021

④ **92 × 96 = 8832**

92 8
× 96 4   92−4 = 88
─────
8832

⑤ **90 × 95 = 8550**

90 10
× 95 5   90−5 = 85
─────
8550

⑥ **94 × 91 = 8554**

94 6
× 91 9   94−9 = 85
─────
8554

05 100에 가까운 같은 두 자리 수끼리의 곱셈

100에 가까운 같은 두 자리 수끼리의 곱은 암산으로도 구할 수 있다. 100이 되려면 몇이 필요한지 생각하면 무척 간단하다.

예제

$$98 \times 98 = (\; ? \;)$$

풀이

1 곱해지는 수와 곱하는 수가 100이 되려면 몇이 필요한지 생각한다.
98은 100까지 2 남았다.

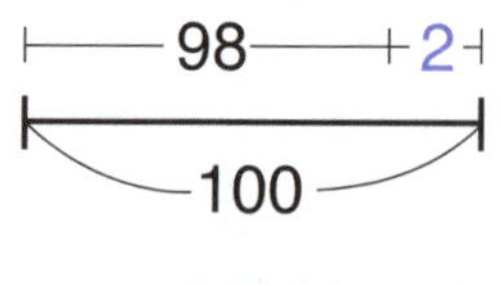

2 100까지 필요한 수×100까지 필요한 수를 계산한다.
2×2를 계산한다.

③ '곱해지는 수 또는 곱하는 수−100까지 필요한 수'를 계산한다.

98−2를 계산한다.

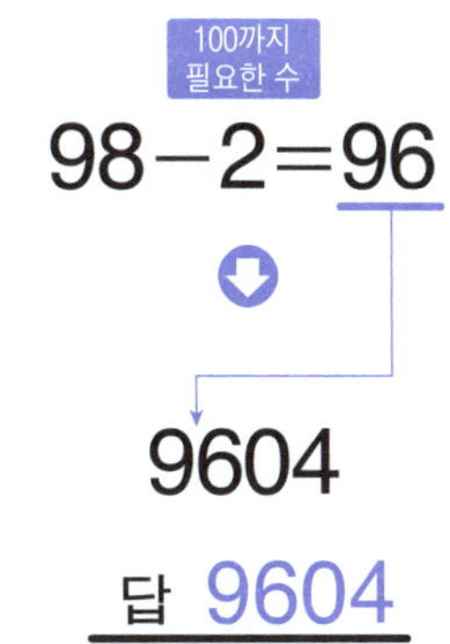

④ ③과 ②를 왼쪽부터 나열한다.

③에서 구한 96과 ②에서 구한 04를 왼쪽부터 나열한 9604가 답이 된다.

②에서 구한 곱셈의 답이 한 자리 수일 때는 앞에 0을 붙인다.

사 고 하 는 힘

어떻게 이런 계산이 가능할까?

◆ 정사각형의 면적을 이용하여 생각해 보면 알 수 있다.

한 변이 98cm인 정사각형의 면적(㉠)을 구한다고 생각해 보자. ㉠은 한 변이 100cm인 정사각형에서 ㉡+㉢을 두 번 빼고, 겹친 부분인 ㉢를 한 번 더한 값과 같다.

즉 이 정사각형의 면적은 $100 \times 100 - (2 \times 100) \times 2 = 9600$에 ㉢의 $2 \times 2 = 4$를 더한 9604cm^2이다.

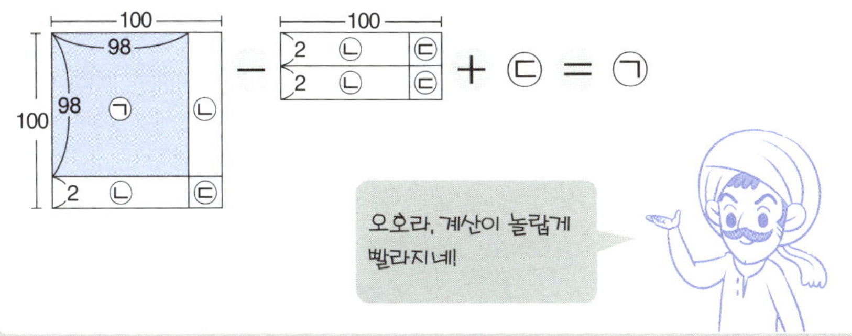

다음 계산을 잘 생각해서 풀어 보자.

① $97 \times 97 =$

② $93 \times 93 =$

③ $94 \times 94 =$

④ $96 \times 96 =$

⑤ $92 \times 92 =$

⑥ $91 \times 91 =$

오늘의 날짜 /

맞은 문제의 수 / 6문

풀이 방법을 확인하면서 답을 맞춰 보자.

① **97 × 97 = 9409**

$$3 \times 3 = 09$$

❶ 100까지 × 100까지
필요한 수 × 필요한 수

9409

$$97 - 3 = 94$$

❷ 곱해지는 수 또는 곱하는 수 − 100까지 필요한 수

② **93 × 93 = 8649**

$$7 \times 7 = 49$$

❶ 100까지 × 100까지
필요한 수 × 필요한 수

8649

$$93 - 7 = 86$$

❷ 곱해지는 수 또는 곱하는 수 − 100까지 필요한 수

③ **94 × 94 = 8836**

$$6 \times 6 = 36$$

❶ 100까지 × 100까지
필요한 수 × 필요한 수

8836

$$94 - 6 = 88$$

❷ 곱해지는 수 또는 곱하는 수 − 100까지 필요한 수

④ **96 × 96 = 9216**

$$4 \times 4 = 16$$

❶ 100까지 × 100까지
필요한 수 × 필요한 수

9216

$$96 - 4 = 92$$

❷ 곱해지는 수 또는 곱하는 수 − 100까지 필요한 수

⑤ **92 × 92 = 8464**

$$8 \times 8 = 64$$

❶ 100까지 × 100까지
필요한 수 × 필요한 수

8464

$$92 - 8 = 84$$

❷ 곱해지는 수 또는 곱하는 수 − 100까지 필요한 수

⑥ **91 × 91 = 8281**

$$9 \times 9 = 81$$

❶ 100까지 × 100까지
필요한 수 × 필요한 수

8281

$$91 - 9 = 82$$

❷ 곱해지는 수 또는 곱하는 수 − 100까지 필요한 수

06 서로 같은 두 자리 수의 곱셈

곱해지는 수와 곱하는 수가 같은 경우에 간편하게 이용할 수 있는 기적의 필산술을 소개한다.

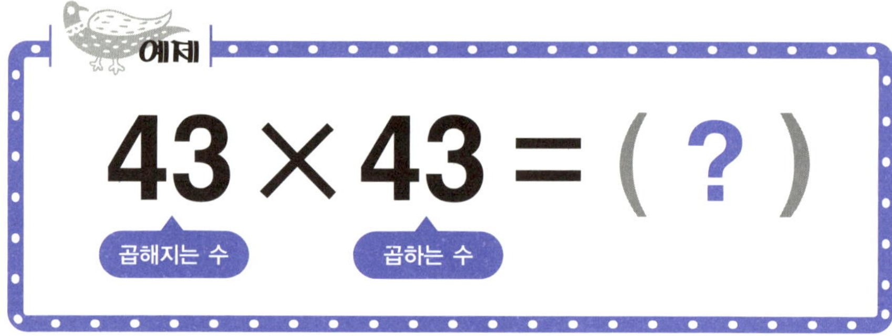

☀ 풀이

1 예제를 필산 형식으로 옮긴다.

43×43을 필산으로 적는다.

2 한 자리 수끼리 곱한다.

3×3을 계산하여 오른쪽과 같이 쓴다.

> 곱셈의 답이 한 자리 수일 때는 앞에 0을 붙인다.

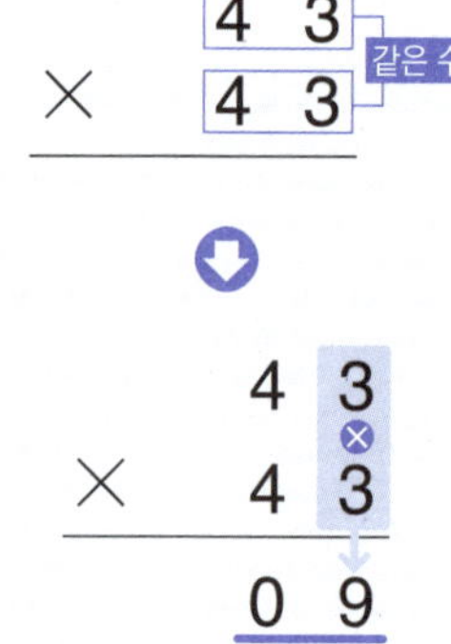

3 십의 자리 수끼리 곱한다.

4×4를 계산하여 오른쪽과 같이 쓴다.

$$
\begin{array}{r}
4\ 3 \\
\times\quad 4\ 3 \\
\hline
1\ 6\ 0\ 9
\end{array}
$$

4 '십의 자리와 일의 자리를 곱한 수×
2'를 계산한다.

4×3을 2배로 한 24를 오른쪽과 같이
쓴다.

$$
\begin{array}{r}
4\times 3\times 2 \\
\times\quad 4\ 3 \\
\hline
1\ 6\ 0\ 9 \\
2\ 4\quad \\
\hline
1\ 8\ 4\ 9
\end{array}
$$

5 **2**~**4**를 큰 자리부터 순서대로 세로
로 더한 1849가 답이 된다.

답 **1849**

사고하는 힘

어떻게 이런 필산이 가능한 걸까?

◆ 직사각형의 면적을 이용하여 생각해 보면 알 수 있다.

한 변이 43cm인 정사각형의 면적을 구한다고 생각해 보자. 정사각형을
오른쪽 그림과 같이 한 변이 40cm인 정사각형과 그 외의 부분으로 나눈
다. 그러면 정사각형의 면적은 ㉠, ㉡, ㉢×2를 합한 값임을 알 수 있다.

$40\times 40=1600$ … ㉠

$3\times 3=9$ … ㉡

$40\times 3=120$ … ㉢

　　　　(㉢은 2개이므로 $120\times 2=240$).

이들을 더하면 $1600+9+240=1849(\text{cm}^2)$가 되
며, 이것을 필산으로 옮기면 예제와 같이 풀
이할 수 있는 것이다.

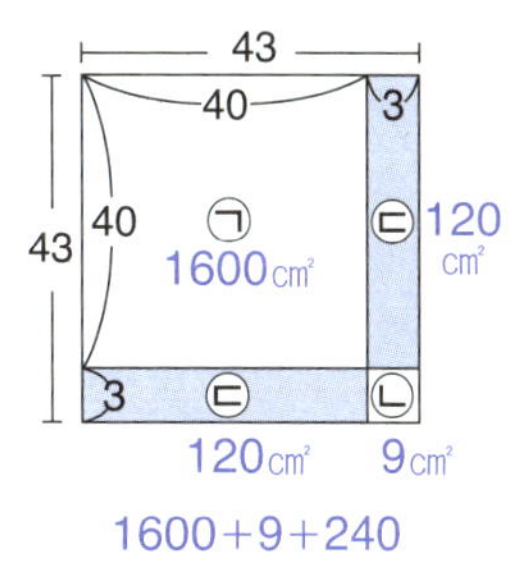

다음 계산을 특별한 필산으로 풀어 보자.

① $32 \times 32 =$

② $28 \times 28 =$

③ $47 \times 47 =$

④ $65 \times 65 =$

⑤ $55 \times 55 =$

⑥ $83 \times 83 =$

오늘의 날짜 　　　　/

맞은 문제의 수 　　　　/ 6문

풀이 방법을 확인하면서 답을 맞춰 보자.

① 32 × 32 = 1024

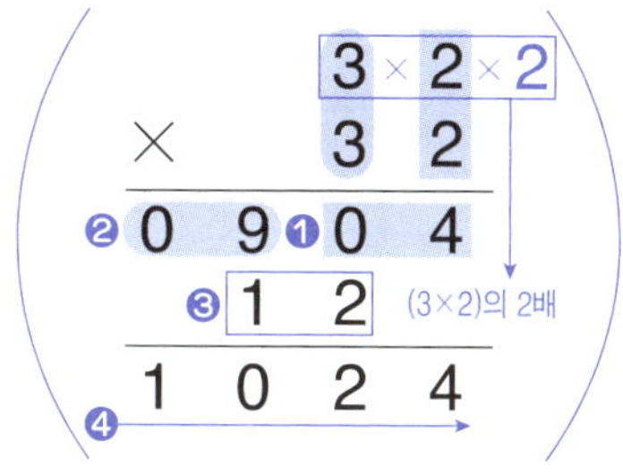

② 28 × 28 = 784

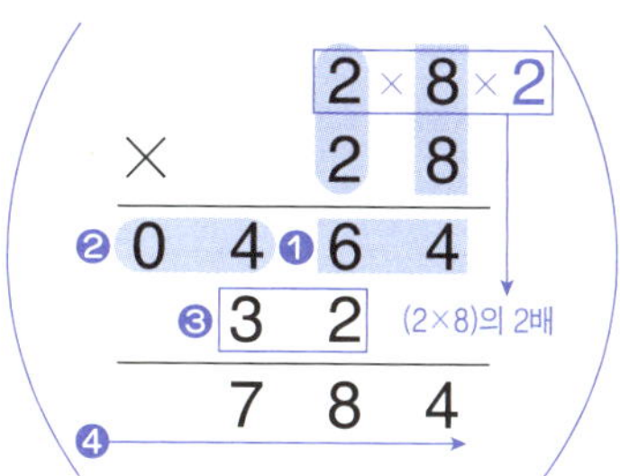

③ 47 × 47 = 2209

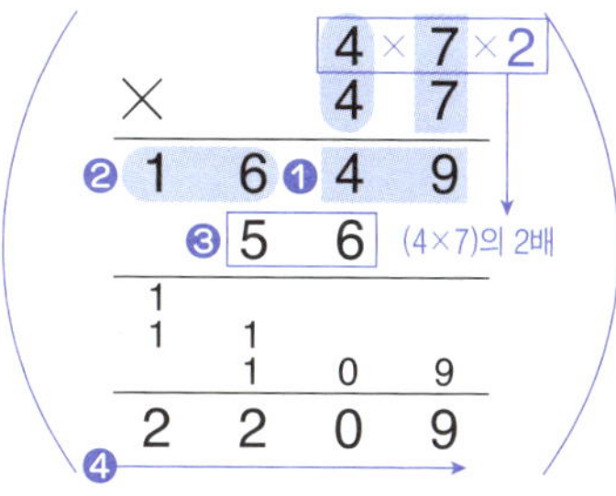

④ 65 × 65 = 4225

⑤ 55 × 55 = 3025

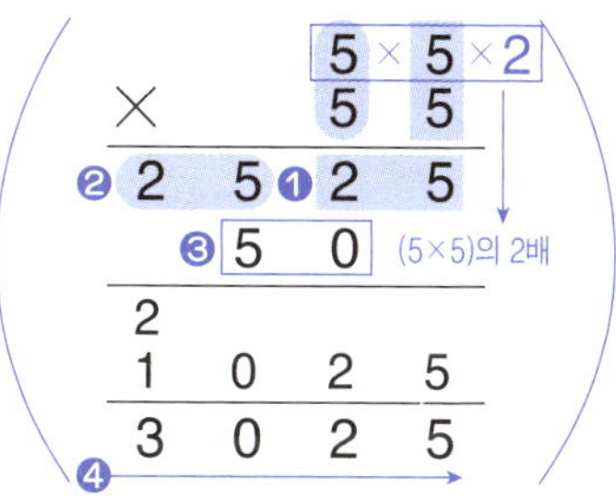

⑥ 83 × 83 = 6889

07 십의 자리가 같은 수의 곱셈

두 자리 수끼리의 곱셈에서 십의 자리가 같다면, 일의 자리끼리의 곱과 십의 자리끼리의 곱, 그리고 일의 자리끼리 더한 값에 십의 자리를 곱한 값을 더하여 합을 구하는 방법을 사용할 수 있다.

예제

$$25 \times 28 = (\ ?\ )$$

곱해지는 수 곱하는 수

 풀이

1 예제를 필산 형식으로 옮긴다.

25×28을 필산한다.

2 곱해지는 수와 곱하는 수의 일의 자리끼리 곱한다.

일의 자리인 5와 8을 곱하여 오른쪽과 같이 쓴다.

> 곱셈의 답이 한 자리 수일 때는 앞에 0을 붙인다.
> **3**, **4**단계도 마찬가지이다.

3 곱해지는 수와 곱하는 수의 십의 자리
끼리 곱한다.

십의 자리인 2와 2를 곱하여 오른쪽과
같이 쓴다.

4 곱해지는 수와 곱하는 수의 일의 자리
끼리 더한 값에 십의 자리를 곱한다.

5와 8을 더한 13에 십의 자리인 2를 곱
하여 오른쪽과 같이 쓴다.

5 2~4를 큰 자리부터 순서대로 세로
로 더한다.

큰 자리부터 순서대로 세로로 더한 700
이 답이 된다.

답 700

사 고 하 는 힘

어떻게 이런 필산이 가능한 걸까?

◆ 직사각형의 면적을 이용하여 생각해 보면 알 수 있다.

세로 25cm, 가로 28cm인 직사각형의 면적을 구한
다고 생각해 보자. 이 직사각형을 한 변이 20cm인
정사각형과 그 외의 부분으로 나눈다.

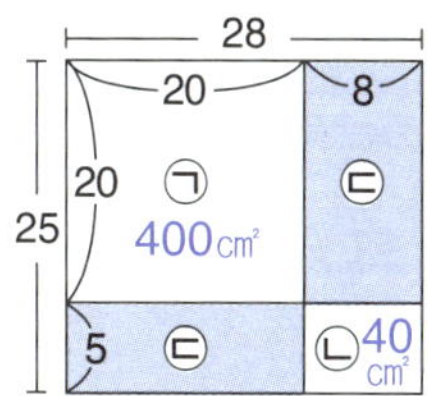

$20 \times 20 = 400 \cdots$ ㉠

$5 \times 8 = 40 \cdots$ ㉡

$(5+8) \times 20 = 260 \cdots$ ㉢의 합계

직사각형의 면적은 ㉠ ㉡ ㉢을 합한 값, 즉 $400+40+260=700(㎠)$이다.

이 과정을 필산으로 정리하면 예제와 같은 풀이 방법이 되는 것이다.

다음을 특별한 필산으로 계산해 보자.

① 18 × 17 =

② 27 × 21 =

③ 34 × 33 =

④ 52 × 53 =

⑤ 64 × 62 =

⑥ 73 × 71 =

오늘의 날짜   /

맞은 문제의 수   / 6문

풀이 방법을 확인하면서 답을 맞춰 보자.

① **18×17 = 306**

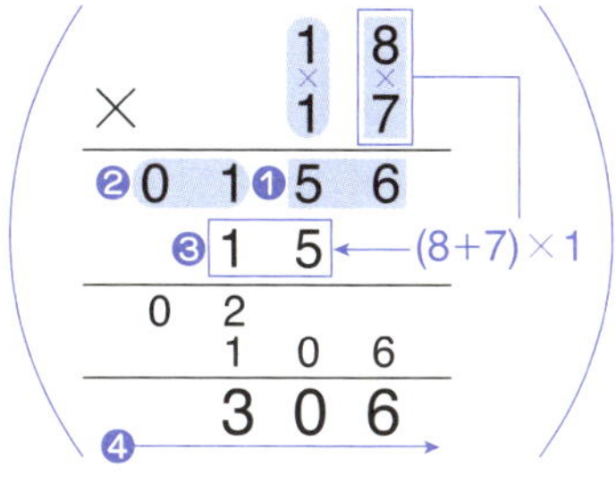

② **27×21 = 567**

③ **34×33 = 1122**

④ **52×53 = 2756**

⑤ **64×62 = 3968**

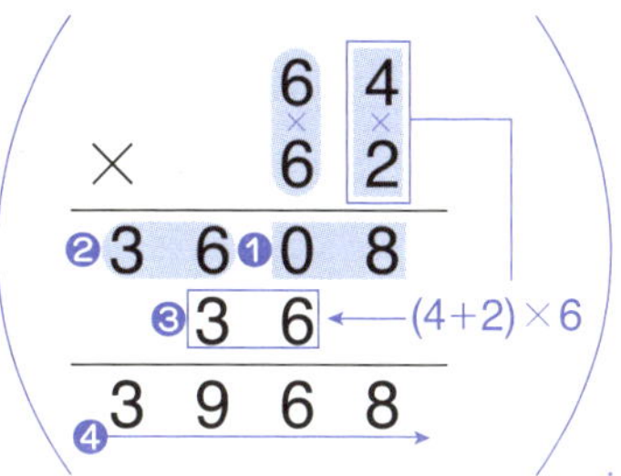

⑥ **73×71 = 5183**

08 십의 자리가 1인 두 자리 수의 곱셈

곱해지는 수와 곱하는 수의 십의 자리가 1일 경우에는 특별한 곱셈 방법이 있다. 곱해지는 수에 곱하는 수의 일의 자리 수를 더한 값에 10을 곱하고, 곱해지는 수와 곱하는 수의 일의 자리 수끼리 곱을 하여 합하면 된다.

예제

$$15 \times 18 = (\ ?\ )$$

곱해지는 수 · 곱하는 수

풀이

1 필산 형식으로 한다.

15×18을 필산한다.

십의 자리가 1인 경우

```
    1 5
  × 1 8
```

2 곱해지는 수와 곱하는 수의 1의 자리끼리 곱한다.

각각의 일의 자리인 5와 8을 곱한 40을 오른쪽과 같이 쓴다.

곱한 값이 한 자리 수일 때는 앞에 0을 붙인다.

```
    1 5
  × 1 8
  ─────
    4 0
```

③ **②**의 앞에 1을 쓴다.

40의 왼쪽 옆에 1을 쓴다.

④ 곱해지는 수와 곱하는 수의 일의 자리 끼리 더한다.

일의 자리인 5와 8을 더한 13을 오른쪽 과 같이 쓴다.

⑤ **②**~**④**를 큰 자리부터 순서대로 세로 로 더한다.

큰 자리부터 순서대로 세로로 더한 270 이 답이 된다.

$$\begin{array}{r} 1\ 5 \\ \times\ \ 1\ 8 \\ \hline \underline{1}\ 4\ 0 \end{array}$$

$$\begin{array}{r} 1\ 5 \\ \times\ \ 1\ 8 \\ \hline 1\ 4\ 0 \\ 1\ 3 \\ \hline 2\ 7\ 0 \end{array}$$

답 270

사 고 하 는 힘

어떻게 이런 필산이 가능한 걸까?

◆ 직사각형의 면적을 이용하여 생각해 보면 알 수 있다.

세로 15cm, 가로 18cm인 직사각형의 면적을 구한다고 생각해 보자. 오른쪽 그림과 같이 한 변이 10cm인 정사각형과 그 외의 부분으로 나누고 ㉠+㉡+㉢ 부분을 합하면 된다는 것을 알 수 있다.

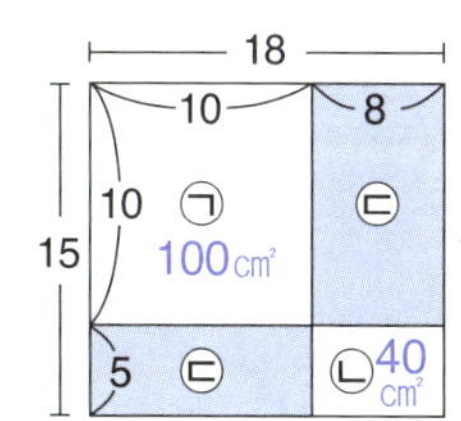

$10 \times 10 = 100$ … ㉠

$5 \times 8 = 40$ … ㉡

$(5+8) \times 10 = 130$ … ㉢의 합계

이를 합한 값,

즉 $100 + 40 + 130 = 270$이

직사각형의 면적이다.

다음을 특별한 필산으로 계산해 보자.

① 12 × 13 =

② 14 × 17 =

③ 18 × 16 =

④ 15 × 14 =

⑤ 19 × 12 =

⑥ 13 × 16 =

오늘의 날짜   /

맞은 문제의 수   / 6문

풀이 방법을 확인하면서 답을 맞춰 보자.

① $12 \times 13 = 156$

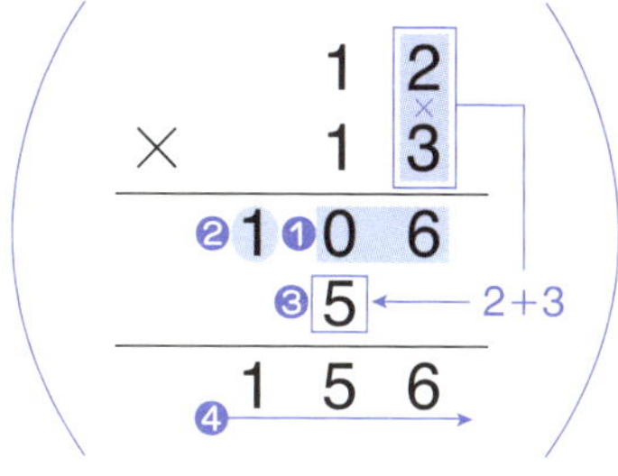

② $14 \times 17 = 238$

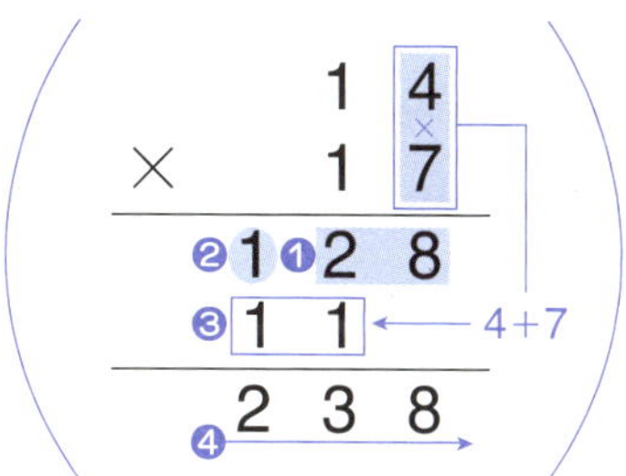

③ $18 \times 16 = 288$

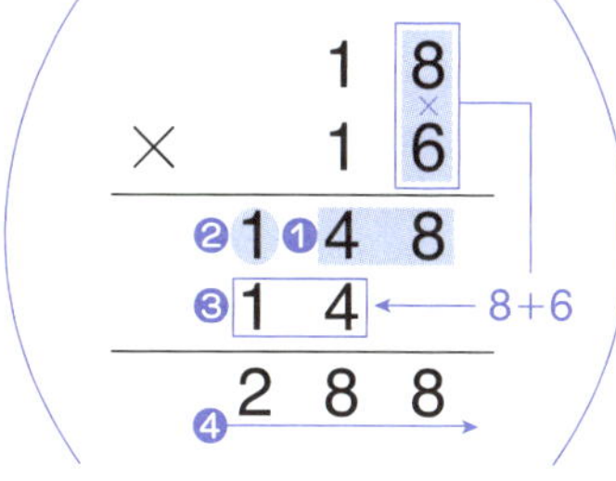

④ $15 \times 14 = 210$

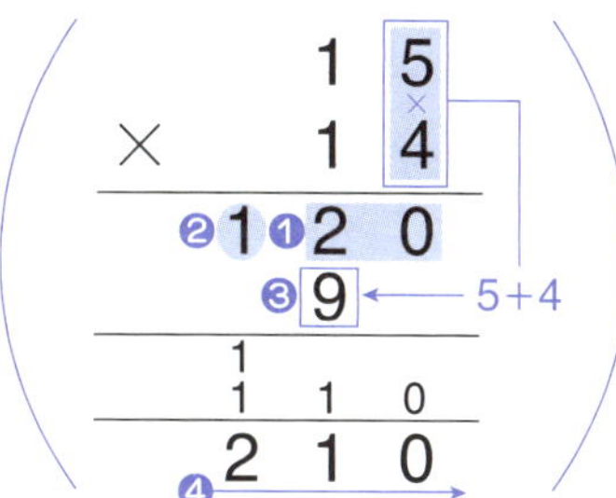

⑤ $19 \times 12 = 228$

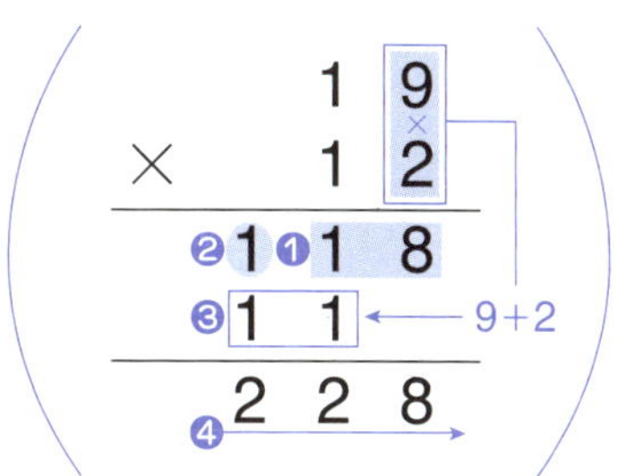

⑥ $13 \times 16 = 208$

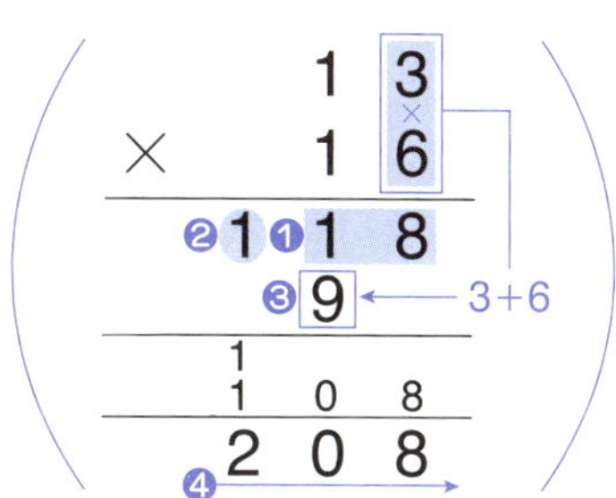

09 곱해지는 수와 곱하는 수의 정중앙의 수가 딱 떨어지는 경우

곱해지는 수와 곱하는 수가 어떤 수로부터 같은 값만큼 차이가 나는 경우라면, 그 수와의 차를 이용하여 답을 구할 수 있다.

예제

$$32 \times 28 = (\ ? \ )$$

☀ 풀이

1 예제를 필산 형식으로 옮긴다.

32×28을 필산한다.

2 곱해지는 수와 곱하는 수의 정중앙의 수를 구한다.

곱해지는 수 32와 곱하는 수 28의 정중앙의 수 30을 오른쪽과 같이 쓴다.

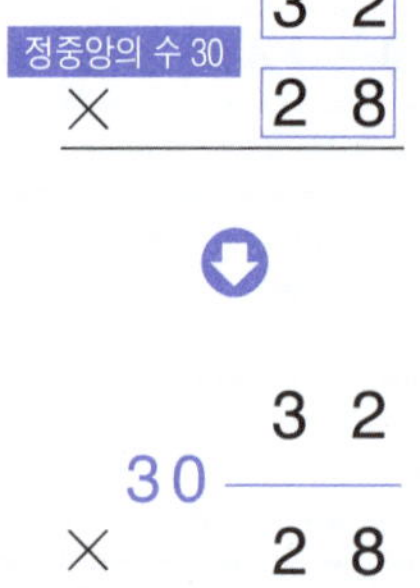

❸ 곱해지는 수와 곱하는 수의 정중앙의 수와의 차를 구한다.

곱해지는 수 32와 30, 곱하는 수 28과 30의 차인 2를 오른쪽과 같이 쓴다.

❹ 정중앙의 수×정중앙의 수를 계산한다.

30×30을 계산하여 오른쪽과 같이 쓴다.

❺ 정중앙의 수와의 차×정중앙의 수와의 차를 계산한다.

2×2를 계산하여 오른쪽과 같이 쓴다.

❻ ❹－❺를 계산한다.

❹에서 구한 900에서 ❺에서 구한 4를 뺀 896이 답이 된다.

사 고 하 는 힘

어떻게 이런 필산이 가능한 걸까?

◆ 직사각형의 면적을 이용하여 생각해 보면 알 수 있다.

이 곱셈은 세로 32㎝, 가로 28㎝인 직사각형의 면적을 구하는 것과 같다. 오른쪽 그림과 같이 ㉡을 ㉠의 오른쪽에 붙이면(①), 한 변이 30㎝인 정사각형에서 ㉢을 뺀 면적을 구할 수 있다(②). 30×30=900, 2×2=4이므로 900−4=896(㎠)이 사각형의 면적이며, 이 과정을 필산으로 옮기면 예제와 같은 풀이가 된다.

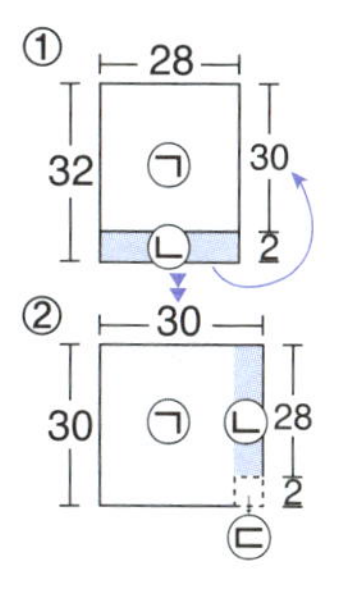

다음을 특별한 필산으로 풀어 보자.

① 18×22 =

② 47×53 =

③ 33×27 =

④ 68×72 =

⑤ 81×79 =

⑥ 54×46 =

풀이 방법을 확인하면서 답을 맞춰 보자.

① **18 × 22 = 396**

② **47 × 53 = 2491**

③ **33 × 27 = 891**

④ **68 × 72 = 4896**

⑤ **81 × 79 = 6399**

⑥ **54 × 46 = 2484**

10 십의 자리가 같고 일의 자리를 더하면 10이 되는 수의 경우

곱하는 두 수의 십의 자리가 같고 일의 자리를 더하면 10이 된다면, 십의 자리에 하나를 더하여 곱하는 방법을 이용하여 재미있게 계산해볼 수 있다.

예제

$$34 \times 36 = (\ ?\ )$$

곱해지는 수   곱하는 수

풀이

1 예제를 필산 형식으로 옮긴다.

34×36을 필산한다.

```
   같은 수  더하면 10
        3    4
    ×   3    6
    ─────────────
```

2 곱해지는 수와 곱하는 수의 일의 자리를 곱한다.

일의 자리인 4와 6을 곱하여 오른쪽에 쓴다.

```
        3    4
    ×   3    6
    ─────────────
             2 4
```

3 십의 자리×(십의 자리+1)을 계산한다.

십의 자리 3과 3에 1을 더한 4를 곱한 값을 앞에 써서 답은 1224가 된다.

$$
\begin{array}{r}
3\ 4 \\
\times\quad 3\ 6 \\
\hline
1\ 2\ 2\ 4
\end{array}
$$

$3\times(3+1)$

답 1224

사 고 하 는 힘

어떻게 이런 필산이 가능한 걸까?

◆ **직사각형의 면적을 이용하여 생각해 보면 알 수 있다.**

예제는 세로 34㎝, 가로 36㎝인 직사각형의 면적을 구하는 곱셈과 같다. 우선 직사각형을 한 변이 30㎝인 정사각형과 그 외의 부분으로 나눈다. 그리고   부분을 그림과 같이 이동시키면 세로 4㎝, 가로 6㎝인 직사각형과 세로 30㎝, 가로 40㎝인 직사각형의 면적을 합하여 면적을 구할 수 있다는 것을 알 수 있다.

계산하면 $4\times6=24$, $30\times40=1200$이며, 이를 합한 $24+1200=1224(㎠)$가 답이다. 이 과정을 필산으로 옮기면 예제와 같은 풀이를 할 수 있는 것이다.

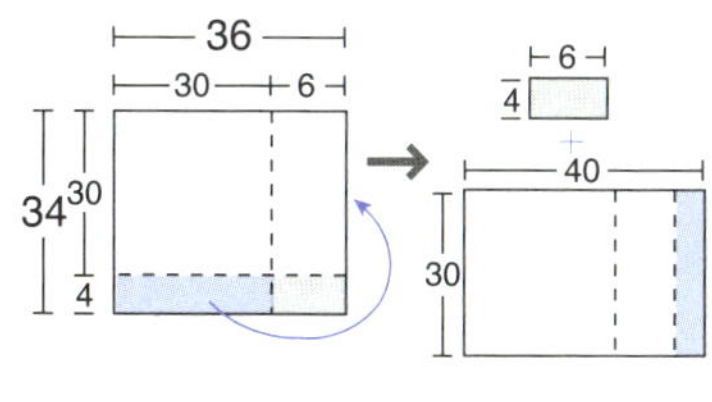

다음을 특별한 필산으로 계산해 보자.

① 27 × 23 =

② 14 × 16 =

③ 32 × 38 =

④ 43 × 47 =

⑤ 56 × 54 =

⑥ 77 × 73 =

오늘의 날짜 ▶ _______ / _______

맞은 문제의 수 ▶ _______ / 6문

풀이 방법을 확인하면서 답을 맞춰 보자.

① **27 × 23 = 621**

$$
\begin{array}{r}
2\;7 \\
\times\;\;2\;3 \\
\hline
0\;6\;2\;1
\end{array}
$$

$2 \times (2 + 1)$
십의 자리×(십의 자리+1)

② **14 × 16 = 224**

$$
\begin{array}{r}
1\;4 \\
\times\;\;1\;6 \\
\hline
0\;2\;2\;4
\end{array}
$$

$1 \times (1 + 1)$
십의 자리×(십의 자리+1)

③ **32 × 38 = 1216**

$$
\begin{array}{r}
3\;2 \\
\times\;\;3\;8 \\
\hline
1\;2\;1\;6
\end{array}
$$

$3 \times (3 + 1)$
십의 자리×(십의 자리+1)

④ **43 × 47 = 2021**

$$
\begin{array}{r}
4\;3 \\
\times\;\;4\;7 \\
\hline
2\;0\;2\;1
\end{array}
$$

$4 \times (4 + 1)$
십의 자리×(십의 자리+1)

⑤ **56 × 54 = 3024**

$$
\begin{array}{r}
5\;6 \\
\times\;\;5\;4 \\
\hline
3\;0\;2\;4
\end{array}
$$

$5 \times (5 + 1)$
십의 자리×(십의 자리+1)

⑥ **77 × 73 = 5621**

$$
\begin{array}{r}
7\;7 \\
\times\;\;7\;3 \\
\hline
5\;6\;2\;1
\end{array}
$$

$7 \times (7 + 1)$
십의 자리×(십의 자리+1)

11 십의 자리를 더하면 10이고 일의 자리가 같은 수의 경우

두 수의 일의 자리가 같고, 십의 자리를 더하면 10이 된다면, 십의 자리끼리 곱해 일의 자리를 더하는 기발한 방법을 이용하여 문제를 쉽게 풀이할 수 있다.

예제

$$36 \times 76 = (\ ?\ )$$

곱해지는 수 곱하는 수

☼ 풀이

1 예제를 필산 형식으로 옮긴다.

36×76을 필산한다.

2 곱해지는 수와 곱하는 수의 일의 자리끼리 곱한다.

6×6을 계산하여 오른쪽과 같이 쓴다.

3 곱해지는 수와 곱하는 수의 십의 자리
를 곱하여 일의 자리를 더한다.

36과 76의 십의 자리인 3과 7을 곱한
값에 6을 더한 27을 오른쪽과 같이 써
서 답은 2736이 된다.

$$\begin{array}{r} 3\,6 \\ \times\ 7\,6 \\ \hline 2\,7\,3\,6 \end{array}$$

$(3\times7)+6$

답 __2736__

사고하는 힘

어떻게 이런 필산이 가능한 걸까?

◆ 직사각형의 면적을 이용하여 생각해 보면 알 수 있다.

세로 36cm, 가로 76cm인 직사각형의 면적을 구한다고 생각해 보자. 우
선 이 사각형을 그림과 같이 4개의 직사
각형으로 나눈다. ㉠은 $30\times70=2100$
(㎠)인데 이것을 같은 면적이 되도록 가
로가 100cm인 직사각형으로 바꾸면 세로
는 21cm가 된다. 여기에 ㉡과 ㉢을 붙이
면 $(21+6)\times100=2700$(㎠)이고, ㉣의 $6
\times6=36$(㎠)을 더한 값인 2736(㎠)이 답
이 된다. 이것을 필산으로 옮기면 예제와
같이 풀이할 수 있는 것이다.

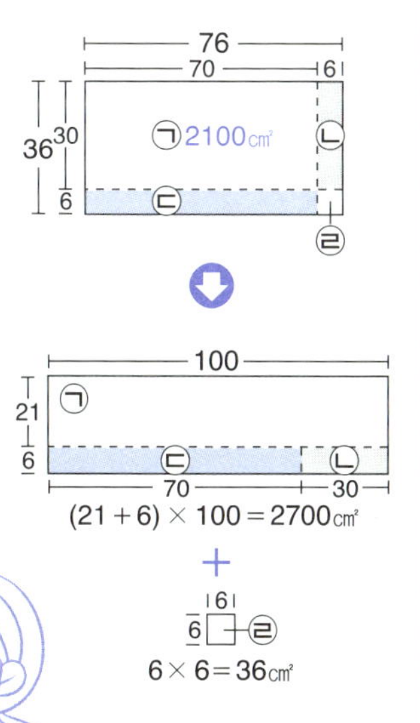

다음을 특별한 필산으로 계산해 보자.

① $21 \times 18 =$

② $43 \times 63 =$

③ $52 \times 52 =$

④ $74 \times 34 =$

⑤ $67 \times 47 =$

⑥ $35 \times 75 =$

오늘의 날짜 　　　　　／

맞은 문제의 수 　　　　／ 6문

① $21 \times 18 = 1701$

$$\begin{array}{r} 2\ 1 \\ \times\ 8\ 1 \\ \hline 1\ 7\ 0\ 1 \end{array}$$

$(2 \times 8) + 1$
(십의 자리×십의 자리)+일의 자리

② $43 \times 63 = 2709$

$$\begin{array}{r} 4\ 3 \\ \times\ 6\ 3 \\ \hline 2\ 7\ 0\ 9 \end{array}$$

$(4 \times 6) + 3$
(십의 자리×십의 자리)+일의 자리

③ $52 \times 52 = 2704$

$$\begin{array}{r} 5\ 2 \\ \times\ 5\ 2 \\ \hline 2\ 7\ 0\ 4 \end{array}$$

$(5 \times 5) + 2$
(십의 자리×십의 자리)+일의 자리

④ $74 \times 34 = 2516$

$$\begin{array}{r} 7\ 4 \\ \times\ 3\ 4 \\ \hline 2\ 5\ 1\ 6 \end{array}$$

$(7 \times 3) + 4$
(십의 자리×십의 자리)+일의 자리

⑤ $67 \times 47 = 3149$

$$\begin{array}{r} 6\ 7 \\ \times\ 4\ 7 \\ \hline 3\ 1\ 4\ 9 \end{array}$$

$(6 \times 4) + 7$
(십의 자리×십의 자리)+일의 자리

⑥ $35 \times 75 = 2625$

$$\begin{array}{r} 3\ 5 \\ \times\ 7\ 5 \\ \hline 2\ 6\ 2\ 5 \end{array}$$

$(3 \times 7) + 5$
(십의 자리×십의 자리)+일의 자리

12 일의 자리와 십의 자리를 더하면 10이 되는 수에 일의 자리와 십의 자리가 같은 수를 곱하는 경우

일의 자리와 십의 자리를 더하면 10이 되는 수에, 일의 자리와 십의 자리가 같은 수를 곱하는 경우에 사용할 수 있는 필산술이 있다.

예제

$$37 \times 22 = (\, ? \,)$$

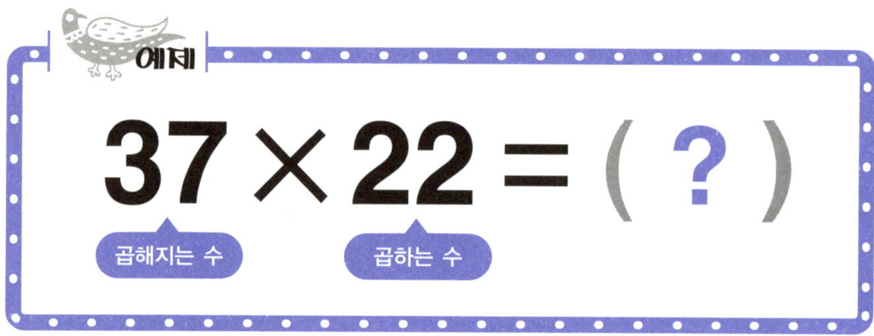

☀ 풀이

1 예제를 필산 형식으로 옮긴다.

37×22를 필산한다.

$$\begin{array}{r} 3\ \ 7 \ {\small 더하면\ 10} \\ \times \quad 2\ \ 2 \ {\small 같은\ 수} \\ \hline \end{array}$$

2 곱해지는 수와 곱하는 수의 일의 자리끼리 곱한다.

7과 2를 곱하여 오른쪽과 같이 쓴다.

곱한 값이 한 자리일 때는 앞에 0을 붙인다.

$$\begin{array}{r} 3\ \ 7 \\ \times \quad 2\ \ 2 \\ \hline 1\ \ 4 \end{array}$$

3 일의 자리와 십의 자리를 더하면 10이
되는 수의 십의 자리에 1을 더하고, 일
의 자리와 십의 자리가 같은 수의 10의
자리를 곱한다.

37의 십의 자리 3에 1을 더한 4에 2를
곱한 8을 오른쪽과 같이 써서 답은 814
가 된다.

$$\begin{array}{r} 3\ 7 \\ \times\ \ 2\ 2 \\ \hline 8\ 1\ 4 \end{array}$$

$(3+1)\times2$

답 814

사 고 하 는 힘

어떻게 이런 필산이 가능한 걸까?

◆ 직사각형의 면적을 이용하여 생각해 보면 알 수 있다.

세로 37cm, 가로 22cm인 직사각형의 면적을 구한다고 생각해 보자. 우
선 이 사각형을 오른쪽 그림과 같이 4개의 직사각형으로 나눈다.
ⓒ의 면적은 $30\times2=60(\text{cm}^2)$인데 이것을 면적이 변
하지 않도록 세로 3cm, 가로 20cm인 직사각형으
로 변형한다. 이것을 그림과 같이 이동하면

$(30+7+3)\times20=800(\text{cm}^2)\ \cdots\ ㉠+㉡+㉢$

$7\times2=14(\text{cm}^2)\ \cdots\ ㉣$

$800+14=814(\text{cm}^2)$가 면적이 된다.

이 과정을 필산하면 예제와 같이 풀이되는 것이다.

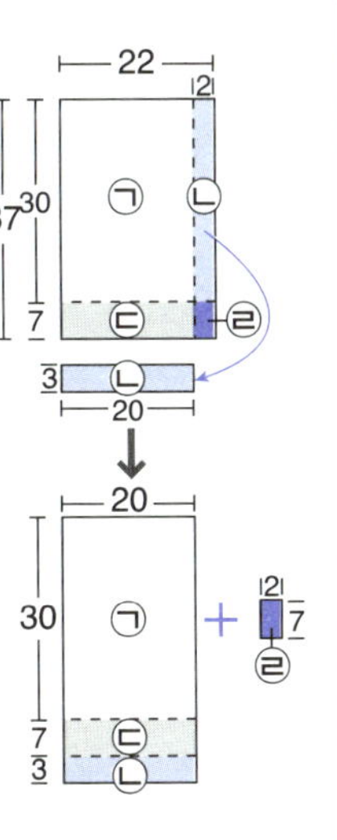

다음을 특별한 필산으로 계산해 보자.

6문

① 28 × 33 =

② 19 × 22 =

③ 46 × 77 =

④ 82 × 55 =

⑤ 37 × 44 =

⑥ 64 × 22 =

오늘의 날짜 ____________ /____________

맞은 문제의 수 ____________ / 6문

풀이 방법을 확인하면서 답을 맞춰 보자.

① $28 \times 33 = 924$

$$\begin{array}{r} 2\ 8 \\ \times\ 3\ 3 \\ \hline 9\ 2\ 4 \end{array}$$

$(2+1) \times 3$

(더하면 10이 되는 수의 십의 자리+1)×(두 자리가 같은 수의 십의 자리)

② $19 \times 22 = 418$

$$\begin{array}{r} 1\ 9 \\ \times\ 2\ 2 \\ \hline 4\ 1\ 8 \end{array}$$

$(1+1) \times 2$

(더하면 10이 되는 수의 십의 자리+1)×(두 자리가 같은 수의 십의 자리)

③ $46 \times 77 = 3542$

$$\begin{array}{r} 4\ 6 \\ \times\ 7\ 7 \\ \hline 3\ 5\ 4\ 2 \end{array}$$

$(4+1) \times 7$

(더하면 10이 되는 수의 십의 자리+1)×(두 자리가 같은 수의 십의 자리)

④ $82 \times 55 = 4510$

$$\begin{array}{r} 8\ 2 \\ \times\ 5\ 5 \\ \hline 4\ 5\ 1\ 0 \end{array}$$

$(8+1) \times 5$

(더하면 10이 되는 수의 십의 자리+1)×(두 자리가 같은 수의 십의 자리)

⑤ $37 \times 44 = 1628$

$$\begin{array}{r} 3\ 7 \\ \times\ 4\ 4 \\ \hline 1\ 6\ 2\ 8 \end{array}$$

$(3+1) \times 4$

(더하면 10이 되는 수의 십의 자리+1)×(두 자리가 같은 수의 십의 자리)

⑥ $64 \times 22 = 1408$

$$\begin{array}{r} 6\ 4 \\ \times\ 2\ 2 \\ \hline 1\ 4\ 0\ 8 \end{array}$$

$(6+1) \times 2$

(더하면 10이 되는 수의 십의 자리+1)×(두 자리가 같은 수의 십의 자리)

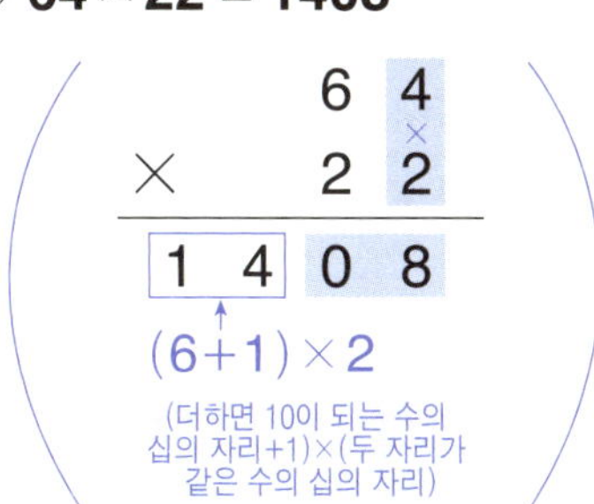

 곱셈의 문장 문제

지금까지 소개한 인도식 곱셈술을 이용하여 문장 문제에 도전해 보자.

 **예제**

마하라자 왕에게는 세로 100m, 가로 98m 넓이의 망고 밭이 있었다. 이 중 세로 3m 넓이만큼의 밭을 아들에게 물려주기로 했다. 남은 망고 밭은 몇 m²일까?

풀이

1 무엇을 구하면 답이 나올지 생각한다.

아들에게 물려준 뒤에 남은 망고 밭의 면적을 구해야 한다.

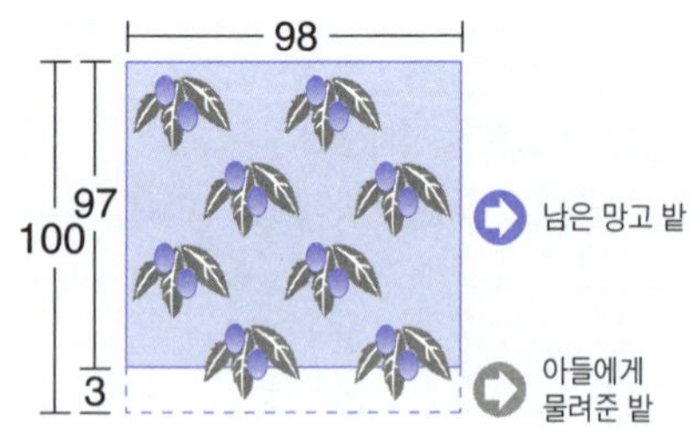

2 계산식을 생각한다.

세로 100m, 가로 98m의 망고 밭 중 세로 3m를 아들에게 물려 줬기 때문에 남은 왕의 밭은 세로 97m, 가로 98m 넓이가 된다. 이 면적을 구한다.

3 계산 방법을 생각한다.

97은 100에서 3이 모자라고, 98은 2가 모자라다. 이것을 이용하여 계산하면 9506이므로 답은 9506㎡가 된다.

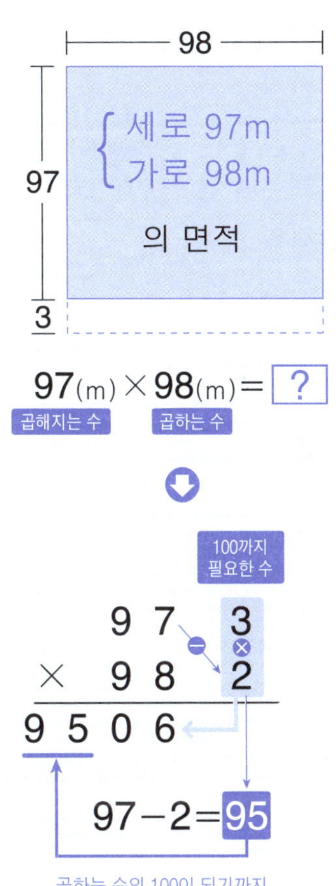

① 여행 선물로 1개에 357루피인 코끼리 인형을 11개 샀다. 모두 얼마일까?

② 1분에 73m를 걷는 여자 아이가 집에서 캘커타 광장까지 걷는 데 22분 걸렸다. 집에서 캘커타 광장까지는 몇 m일까?

오늘의 날짜 　　　　　／　　　　　　맞은 문제의 수 　　　　／ 2문

풀이 방법을 확인하면서 답을 맞춰 보자.

① **코끼리 인형 11개의 금액을 구하는 문제이다.**

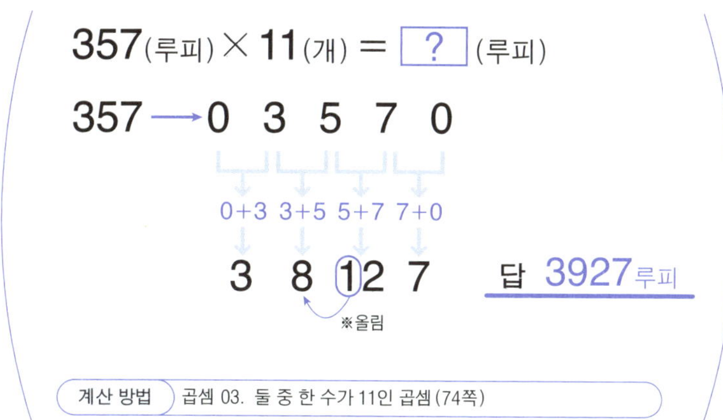

357(루피) $\times 11$(개) $= \boxed{?}$ (루피)

$357 \longrightarrow$ 0 3 5 7 0

0+3 3+5 5+7 7+0

3 8 ⑫ 7   답 __3927__ 루피

※올림

| 계산 방법 | 곱셈 03. 둘 중 한 수가 11인 곱셈 (74쪽) |

② **집에서 캘커타 광장까지의 거리를 구하는 문제이다.**

73(m/분) $\times 22$(분) $= \boxed{?}$ (m)

1분 동안 걷는 거리   걸린 시간

$$\begin{array}{r} 7\ 3 \\ \times\ 2\ 2 \\ \hline 1\ 6\ 0\ 6 \end{array}$$

$(7+1) \times 2$

(더하면 10이 되는 수의
십의 자리+1)×(두 자리가
같은 수의 십의 자리)

답 __1606__ m

| 계산 방법 | 곱셈12. 일의 자리와 십의 자리를 더하면 10이 되는 수에 일의 자리와 십의 자리가 같은 수를 곱하는 경우 (110쪽) |

인도식 곱셈 복습

바둑판 계산과 특별한 경우에 적용할 수 있는 기적의 필산술을 함께 익혀 둔다면 두 자리 수 곱셈에서는 막힘이 없을 것이다.

1 바둑판을 사용한 계산술

523 × 748 = ?

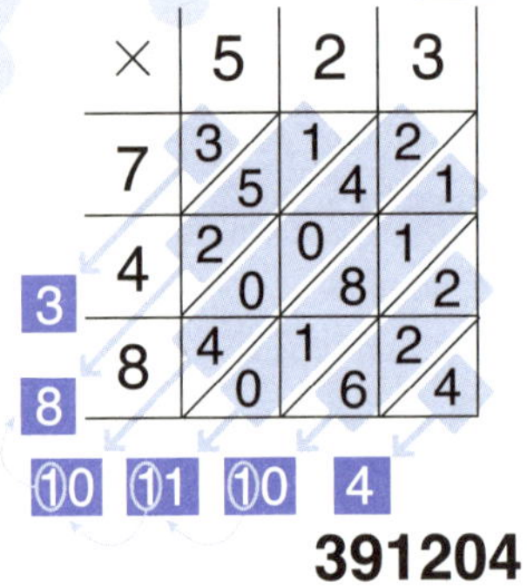

× 5 2 3
7 3 5 1 4 2 1
4 2 0 0 8 1 2
8 4 0 1 6 2 4
3
8
10 11 10 4
391204

2 곱해지는 수 또는 곱하는 수가 11인 경우

324 × 11 = ?

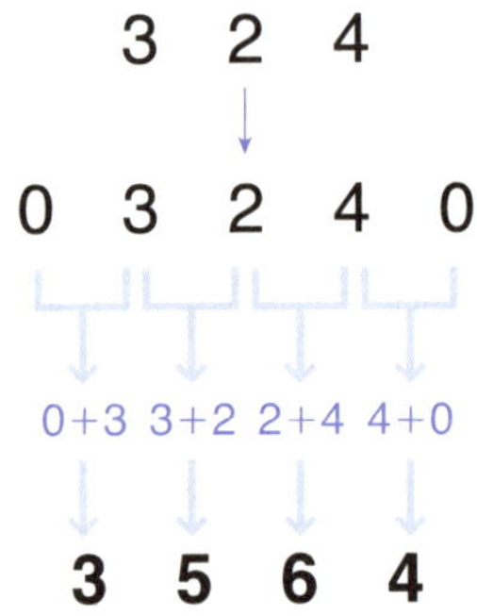

3 2 4
0 3 2 4 0
0+3 3+2 2+4 4+0
3 5 6 4

3 100에 가까운 두 자리 수끼리의 곱셈

98 × 94 = ?

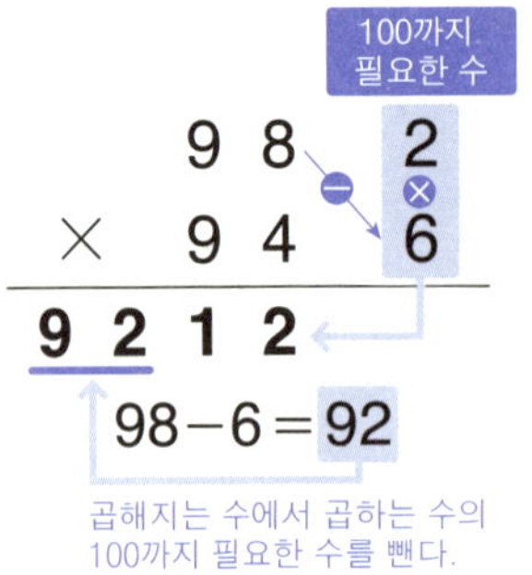

100까지
필요한 수
9 8 2
× 9 4 6
9 2 1 2
98−6=92
곱해지는 수에서 곱하는 수의
100까지 필요한 수를 뺀다.

4 100에 가까운 같은 두 자리 수끼리의 곱셈

96 × 96 = ?

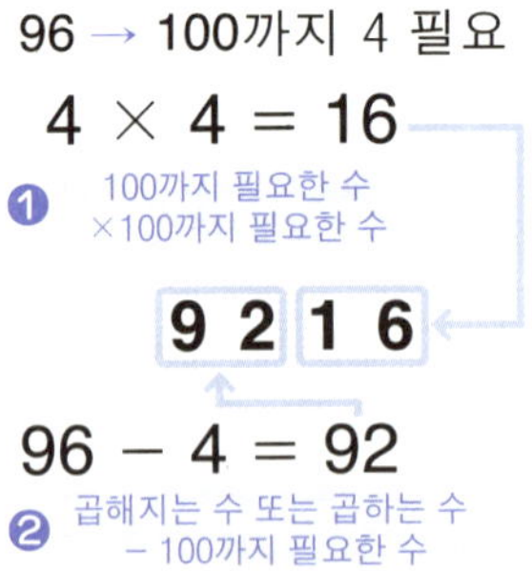

96 → 100까지 4 필요
4 × 4 = 16
❶ 100까지 필요한 수
×100까지 필요한 수
9 2 1 6
96 − 4 = 92
❷ 곱해지는 수 또는 곱하는 수
− 100까지 필요한 수

5 두 자리 수 곱셈, 기적의 필산술

1 곱해지는 수와 곱하는 수가 같은 경우

$$43 \times 43 = \boxed{?}$$

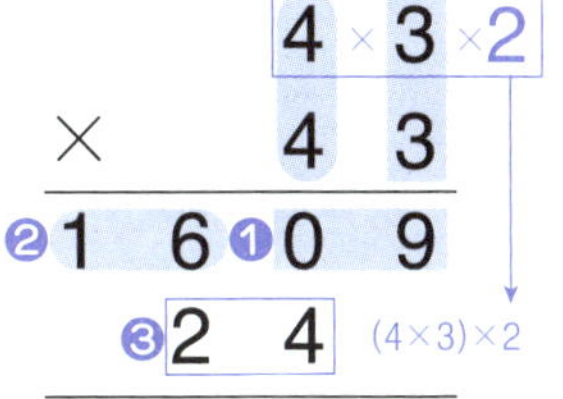

일의 자리, 십의 자리끼리 곱한 수와
십의 자리와 일의 자리를 곱한 수×2를
더한다.

2 십의 자리가 같은 수의 경우

$$24 \times 28 = \boxed{?}$$

일의 자리, 십의 자리끼리 곱한 수와
일의 자리끼리 더한 것에 십의 자리를
곱한 수를 더한다.

3 십의 자리가 1일 경우

$$15 \times 18 = \boxed{?}$$

일의 자리끼리 곱한 수의 하나 위의
자리에 1을 쓴 수와 일의 자리끼리
더한 수를 더한다.

4 곱해지는 수와 곱하는 수의 정중앙의 수가 딱 떨어지는 경우

$$32 \times 28 = \boxed{?}$$

정중앙의 수끼리 곱한 수에서 차끼리
곱한 수를 뺀다.

5 십의 자리가 같고 일의 자리를
더하면 10이 되는 수의 경우

$$34 \times 36 = \boxed{?}$$

$$\begin{array}{r} 3\ 4 \\ \times\ 3\ 6 \\ \hline ❷1\ 2\ ❶2\ 4 \end{array}$$

$$3 \times (3 + 1)$$
십의 자리×(십의 자리+1)

일의 자리끼리 곱한 수와
십의 자리×(십의 자리+1)을
계산하여 구한다.

6 십의 자리를 더하면 10이고 일의
자리가 같은 수의 경우

$$36 \times 76 = \boxed{?}$$

$$\begin{array}{r} 3\ 6 \\ \times\ 7\ 6 \\ \hline ❷2\ 7\ ❶3\ 6 \end{array}$$

$$(3 \times 7) + 6$$
(십의 자리×십의 자리)에 일의
자리를 더한다.

일의 자리끼리 곱한 수와, 곱해지는 수와
곱하는 수의 십의 자리끼리 곱하여 일의
자리를 더한 수를 계산하여 구한다.

7 일의 자리와 십의 자리를 더하면 10이 되는 수 ×
일의 자리와 십의 자리가 같은 수의 경우

$$37 \times 22 = \boxed{?}$$

$$\begin{array}{r} 3\ 7 \\ \times\ 2\ 2 \\ \hline ❷8\ ❶1\ 4 \end{array}$$

$$(3 + 1) \times 2$$
(더하면 10이 되는 수의 십의 자리+1)
×같은 수의 십의 자리

일의 자리끼리 곱한 수와,
일의 자리와 십의 자리를 더하면
10이 되는 수의 십의 자리에 일을 더한 수와
일의 자리와 십의 자리가 같은 수의
십의 자리를 곱한 수를 계산해서 구한다.

제  04 장

인도식 나눗셈

나누는 수가 두 자리 수이면 몫을 정하는 데 시간이 걸린다.
그래서 인도식 계산에서는 나누는 수를 변형해서 몫을 쉽게
구해 계산한다.

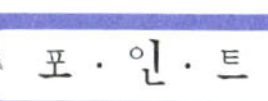

포·인·트

나누는 수를 '십의 묶음 수 − ?'으로 바꾸어 계산한다.

01 두 자리 수 ÷ 두 자리 수

두 자리 수와 두 자리 수의 나눗셈은 나누는 수를 '십의 묶음 수 – ?'
로 변형시켜 푸는 것이 포인트이다.

예제

$$74 \div 18 = (\ ? \ )$$

나누어지는 수   나누는 수

풀이

1 나누는 수를 '십의 묶음 수 – ?'로 바꾼다.

18을 20-2로 바꾼다.

18에 몇을 더하면 십의 묶음 수(=20)가 될지 생각한다.

$$18 \rightarrow 20-2$$
$$74 \div (20-2)$$

2 특별한 필산을 쓴다.

74÷(20-2)를 오른쪽과 같이 필산으로 쓴다.

$$20 \overline{)74}$$
$$2$$

3 '나누어지는 수 ÷ 십의 묶음 수'를
계산한다.

74를 20으로 나눈 답 3을 몫의 자
리에 쓰고 나머지를 아래에 쓴다.

4 몫과 1에서 구한 ? 를 곱한 것을
3의 나머지에 더한다.

몫 3과 나누는 수 20-2의 2를 곱한 6
을, 3의 나머지 14에 더한 20을 쓴다.

5 4를 나누는 수로 나눈다.

20을 18로 나눈 값인 1을 몫의 자리
3의 위에, 나머지를 아래에 쓴다.

6 몫 자리의 숫자를 더한다.

3과 1을 더한 4가 답이 되고, 나머
지는 2이다.

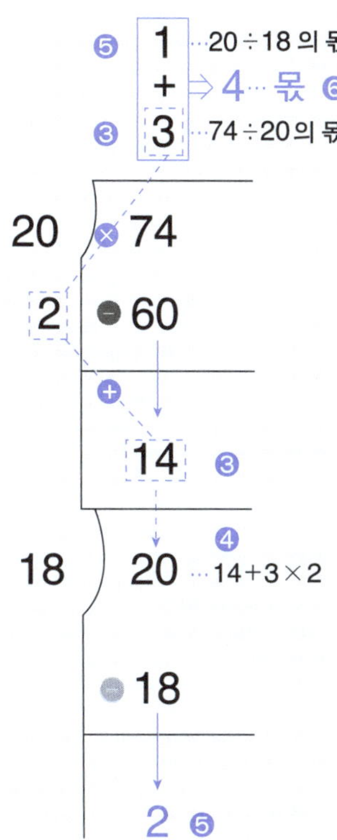

특별한 필산을 이용하여 몫과 나머지를 계산해 보자.

/ 6문

① **56 ÷ 13 =**

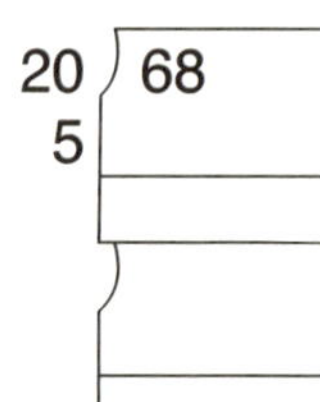

② **79 ÷ 18 =**

③ **68 ÷ 15 =**

④ **97 ÷ 17 =**

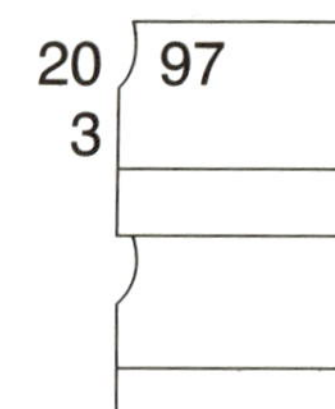

⑤ **86 ÷ 24 =**

⑥ **73 ÷ 14 =**

오늘의 날짜 ▶   /

맞은 문제의 수 ▶   / 6문

풀이 방법을 확인하면서 답을 맞춰 보자.

① $56 \div 13 = 4 \cdots 4$

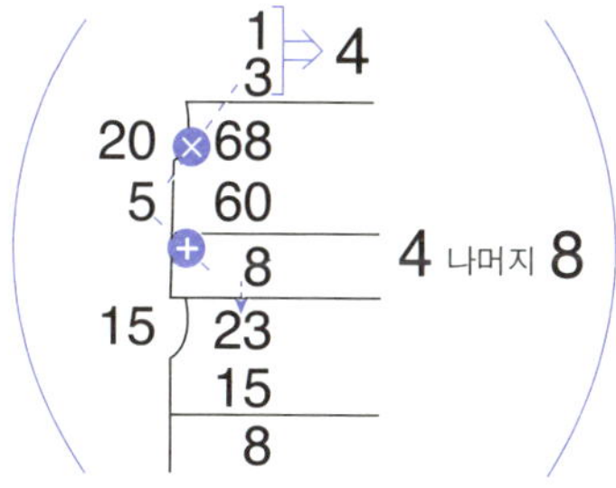

② $79 \div 18 = 4 \cdots 7$

③ $68 \div 15 = 4 \cdots 8$

④ $97 \div 17 = 5 \cdots 12$

⑤ $86 \div 24 = 3 \cdots 14$

⑥ $73 \div 14 = 5 \cdots 3$

02 세 자리 수 ÷ 두 자리 수

세 자리 수와 두 자리 수의 나눗셈은 앞에서 배운 두 자리 수와 두 자리 수 나눗셈을 응용하면 쉽다. 몫의 자리 수를 틀리지 않도록 주의하면서 풀어 보자.

예제

$$638 \div 24 = (\,?\,)$$

나누어지는 수   나누는 수

☀ 풀이

1 나누는 수를 '십의 묶음 수 − ? '로 바꾼다.

24를 30−6으로 바꾼다.

> 24에 몇을 더하면 십의 묶음 수(=30)가 되는지 생각해 보자.

$$24 \rightarrow 30-6$$
$$638 \div (30-6)$$

2 특별한 필산을 쓴다.

638÷(30−6)을 오른쪽과 같이 필산으로 쓴다.

$$30\,\overline{)\,6\ 3\ 8}$$
$$6$$

3 두 자리 수 ÷ 두 자리 수 계산을 한다.

나누어지는 수의 앞 두 자리인 63을 30으로
나누어 몫에 2를, 나머지에 3을 쓴다.

4 몫과 1에서 구한 ?를 곱한 값을 3의 나머
지에 더한다.

몫 2와 나누는 수 30-6의 6을 곱한 12를, 나
머지에 더한 15를 쓴다.

5 나누어지는 수의 일의 자리를 내린다.

나누어지는 수의 일의 자리인 8을 4의 오른
쪽 옆으로 내린다.

6 5를 3과 같은 방법으로 나눈다.

5에서 구한 158을 30으로 나누고 몫의 일의
자리에 5를, 나머지에 8을 쓴다.

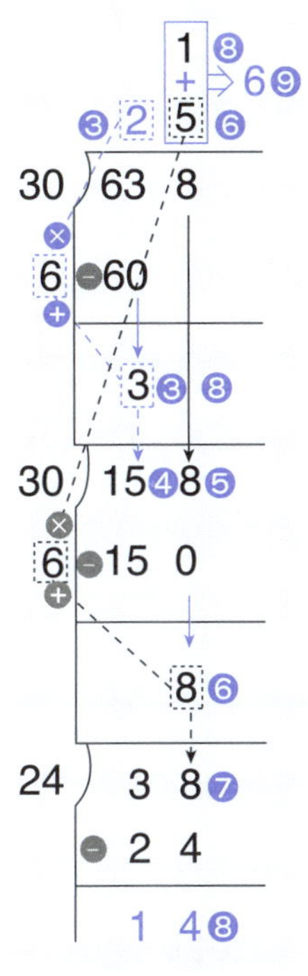

7 몫과 1에서 구한 ?를 곱한 값을 6의 나머
지에 더한다.

몫 5와 나누는 수 30-6의 6을 곱한 30을 나머지에 더하여 38을 쓴다.

8 7을 나누는 수로 나눈다.

7에서 구한 38을 24로 나누고 답 1을 몫의 자리 5 위에, 나머지를 아래
에 쓴다.

9 몫의 자리에 있는 숫자를 더한다.

몫의 자리에 있는 십의 자리 2와 일의 자리 5와 1을 더한 26이 답이 되고,
나머지는 14이다.

특별한 필산을 이용하여 몫과 나머지를 계산해 보자.

① **546÷34 =**

```
40 ) 5 4 6
 6
```

② **963÷24 =**

```
30 ) 9 6 3
 6
```

③ **735÷18 =**

```
20 ) 7 3 5
 2
```

④ **381÷29 =**

```
30 ) 3 8 1
 1
```

풀이 방법을 확인하면서 답을 맞춰 보자.

① $546 \div 34 = 16 \cdots 2$

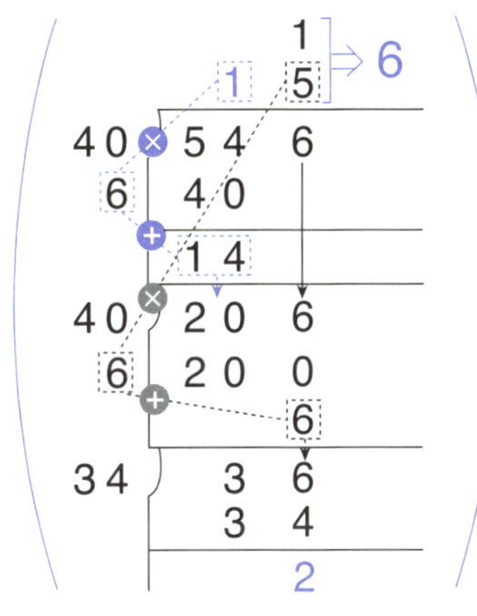

② $963 \div 24 = 40 \cdots 3$

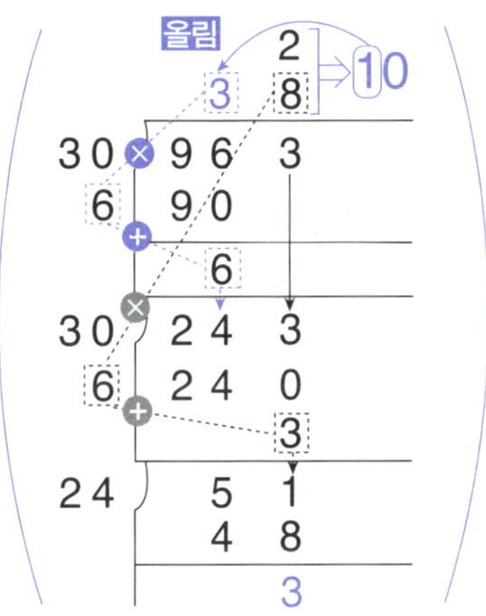

③ $735 \div 18 = 40 \cdots 15$

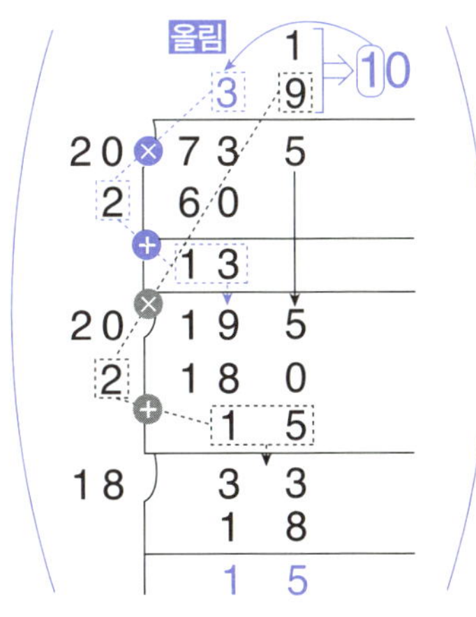

④ $381 \div 29 = 13 \cdots 4$

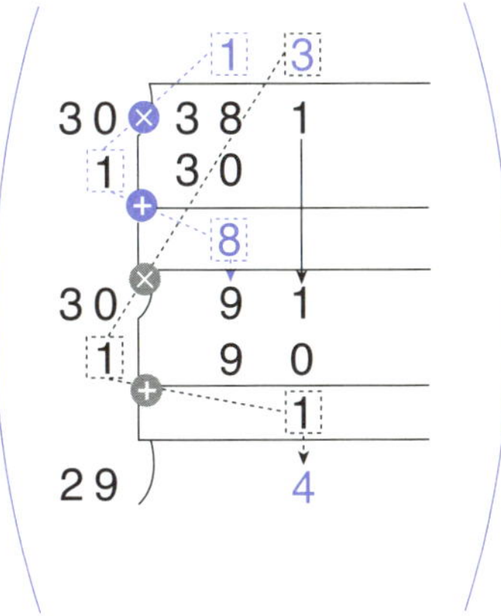

03-1 2·3으로 딱 나누어지는 수

몇으로 나누어지는지 알면 약분이나 인수분해를 할 때 편리하다. 여기에서는 2와 3으로 딱 나누어지는 수의 조건을 소개한다.

 예제

531, 624, 328

이 중에서 2로 딱 나누어지는 수는?

☀ 풀이

1 1의 자리가 짝수인지 홀수인지 확인한다.

531 → 일의 자리인 1을 확인한다.

624 → 일의 자리인 4를 확인한다.

328 → 일의 자리인 8을 확인한다.

일의 자리

531 → 1 : 홀수 NG

624 → 4 : 짝수 OK

328 → 8 : 짝수 OK

2로 딱 나누어지는 수의 조건

■ 1의 자리가 짝수이어야 한다.

1의 자리가 짝수인 624와 328이 2로 딱 나누어지는 수이다.

답 624,328

예제

453, 671, 267

이 중에서 3으로 딱 나누어지는 수는?

풀이

1 각각의 자리 수를 더해서 3으로 나눈다.

453 → 4와 5와 3을 더해서 3으로 나눈다.

671 → 6과 7과 1을 더해서 3으로 나눈다.

267 → 2와 6과 7을 더해서 3으로 나눈다.

3으로 딱 나누어지는 수의 조건

■ 각 자리 수를 더한 수가 3으로 딱 나누어져야 한다.

453과 267이 3으로 딱 나누어지는 수이다.

453
4+5+3=12
12÷3=4 OK

671
6+7+1=14
14÷3=4…2 NG

267
2+6+7=15
15÷3=5 OK

답 453,267

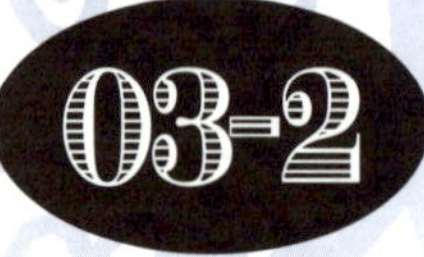 03-2 4 · 5로 딱 나누어지는 수

4는 뒤쪽 두 자리 수를, 5는 맨 뒤 한 자리 수만 보면 딱 나누어지는 수인지 아닌지 알 수 있다.

 예제

1100, 624, 382

이 중에서 4로 딱 나누어지는 수는?

☀ 풀이

1 뒤쪽 두 자리 숫자만 떼어내 확인한다.

1100 → 뒤 두 자리인 00을 확인한다.

624 → 뒤 두 자리인 24를 확인한다.

382 → 뒤 두 자리인 82를 확인한다.

뒤 두 자리

1100 → <u>00</u> OK

624 → 24

382 → 82

2 뒤 두 자리 수를 4로 나누어 본다.

24 → 4로 딱 나눠진다.

82 → 4로 딱 나눠지지 않는다.

24 → <u>24÷4=6</u> OK

82 → <u>82÷4=20…2</u> NG

4로 나누어지는 수의 조건

- 뒤 2자리 수가 00이거나 4로 나누어져야 한다.

  조건을 충족하는 1100과 624가 4로 딱 나누어지는 수이다.

1100 → 뒤 두자리 수가 00 이다.

624 → 뒤 두자리 수가 4로 나누어진다.

답 <u>1100, 624</u>

예제

356, 515, 710

이 중에서 5로 딱 나누어지는 수는?

 풀이

1 일의 자리의 숫자를 떼어내 확인한다.

356 → 일의 자리인 6을 확인한다.

515 → 일의 자리인 5를 확인한다.

710 → 일의 자리인 0을 확인한다.

 일의 자리

356 → 6 NG

515 → 5 OK

710 → 0 OK

5로 딱 나누어지는 수의 조건

- 일의 자리가 0 또는 5이어야 한다.

  조건을 충족하는 515와 710이 5로 딱 나누어지는 수이다.

답 <u>515, 710</u>

03-3   6 · 7로 딱 나누어지는 수

2와 3으로 모두 나누어져야 6으로 나누어지는 수이다. 또 7로 나누어지는 수인지 판단하려면 일의 자리와 그 이상 자리의 숫자를 나눠서 딱 나누어지는지 확인한다.

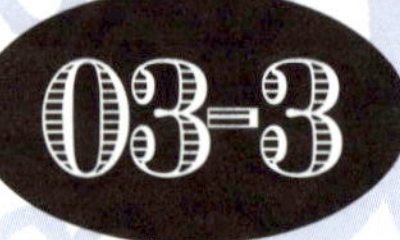

예제

$$357,\ 528,\ 624$$

이 중에서 6으로 딱 나누어지는 수는?

풀이

1 일의 자리가 짝수인지 홀수인지 확인한다.

357 → 일의 자리인 7을 확인한다.

528 → 일의 자리인 8을 확인한다.

624 → 일의 자리인 4를 확인한다.

2 일의 자리가 짝수라면, 이번에는 각 자리의 수를 더해 3으로 나누어 본다.

528 → 5와 2와 8을 더해 3으로 나눈다.

624 → 6과 2와 4를 더해 3으로 나눈다.

일의 자리

357 → 7 : 홀수 NG

528 → 8 : 짝수 OK

624 → 4 : 짝수 OK

528
$(5+2+8) \div 3 = 5$ OK

624
$(6+2+4) \div 3 = 4$ OK

답 528,624

6으로 딱 나누어지는 수의 조건

■ 일의 자리가 짝수이고, 각 자리의 수를 더한 수가 3으로 딱 떨어져야 한다.

　조건을 충족하는 528과 624가 6으로 딱 나누어지는 수이다.

392, 151, 553

이 중에서 7로 딱 나누어지는 수는?

☀ 풀이

1 우선 십의 자리 이상의 수와 일의 자리의 수를 분리한다.

392 → 39와 2로 나눈다.

151 → 15와 1로 나눈다.

553 → 55와 3으로 나눈다.

2 '십의 자리 이상의 수 − 일의 자리의 수×2'를 계산하여 7로 나눈다.

각각의 수를 오른쪽과 같이 계산한다.

392
$39 - 2 \times 2 = 35$
$35 \div 7 = 5$ OK

151
$15 - 1 \times 2 = 13$
$13 \div 7 = 1 \cdots 6$ NG

553
$55 - 3 \times 2 = 49$
$49 \div 7 = 7$ OK

⬇

답 392, 553

7로 딱 나누어지는 수의 조건

■ '십의 자리 이상의 수 − 일의 자리×2'가 7로 딱 나누어져야 한다.

　조건을 충족하는 392와 553이 7로 딱 나누어지는 수이다.

03-4 8 · 9로 딱 나누어지는 수

8로 나누어지는 수인지는 숫자의 뒤 세 자리 수를 체크하면 알 수 있다. 또 각 자리의 수를 더해 보면 9로 딱 나누어지는 수인지 아닌지 알 수 있다.

예제

65000, 3384, 4351

이 중에서 8로 딱 나누어지는 수는?

☀ 풀이

1 뒤 세 자리의 수를 떼어내 확인한다.

65000 → 뒤 세 자리 수 000을 확인한다.

3384 → 뒤 세 자리 수 384를 확인한다.

4351 → 뒤 세 자리 수 351을 확인한다.

2 뒤 세 자리 수가 000인 수는 제외하고, 다른 숫자들은 뒤 세 자리 수를 8로 나누어 본다.

384 → 8로 딱 나누어진다.

351 → 8로 딱 나누어지지 않는다.

뒤 세 자리

65000 → 000 (OK)
3384 → 384
4351 → 351

3384
384÷8=48 (OK)

4351
351÷8=43…7 (NG)

답 65000, 3384

8로 딱 나누어지는 수의 조건

■ 뒤 3자리 수가 000이거나, 8로 딱 나누어져야 한다.

조건을 충족하는 65000과 3384가 8로 딱 나누어지는 수이다.

예제

387, 432, 537

이 중에서 9로 딱 나누어지는 수는?

풀이

1 각 자리의 수를 더해서 9로 나눈다.

387 → 3과 8과 7을 더해서 9로 나눈다.

432 → 4와 3과 2를 더해서 9로 나눈다.

537 → 5와 3과 7을 더해서 9로 나눈다.

9로 딱 나누어지는 수의 조건

■ 각 자리의 수를 더한 것이 9로 딱 나누어져야 한다.

조건을 충족하는 387과 432가 9로 딱 나누어지는 수이다.

387
3+8+7=18
18÷9=2 OK

432
4+3+2=9
9÷9=1 OK

537
5+3+7=15
15÷9=1…6 NG

답 387,432

03-5 10 · 11로 딱 나누어지는 수

일의 자리가 0이면 10으로 딱 나누어지는 수이다. 또 11은 하나 떨어진 숫자를 더하면 딱 나누어지는 수인지 아닌지 알 수 있다.

예제

510, 613, 7105

이 중에서 10으로 딱 나누어지는 수는?

풀이

1 일의 자리의 숫자를 확인한다.

510 → 일의 자리가 0이다.

613 → 일의 자리가 3이다.

7105 → 일의 자리가 5이다.

일의 자리

510 → 0 OK

613 → 3 NG

7105 → 5 NG

10으로 딱 나누어지는 수의 조건

■ 일의 자리의 수가 0이어야 한다.

조건을 충족하는 510이 10으로 딱 나누어지는 수이다.

답 510

451, 1243, 92818

이 중에서 11로 딱 나누어지는 수는?

☀ 풀이

1 하나 떨어진 숫자끼리 더한다.

451 → 4와 1을 더한다. 남은 5와 같음을 알 수 있다.

1243 → 1과 4, 2와 3을 각각 더한다.

92818 → 9와 8과 8, 2와 1을 각각 더한다.

2 하나 떨어진 숫자끼리 더한 답이 같으면 11로 딱 나누어지는 수이다. 같지 않다면 그 답의 차를 구하여 11로 나눈다.

92818 → 하나 떨어진 숫자끼리 더한 25 에서 3을 빼 11로 나눈다.

11로 딱 나누어지는 수의 조건

■ 하나 떨어진 수끼리 더하면 같은 수가 된다. 또는 하나 떨어진 수끼리 더한 것의 차가 11로 딱 나누어진다.

조건을 충족시키는 451과 1243과 92818이 11로 딱 나누어지는 수이다.

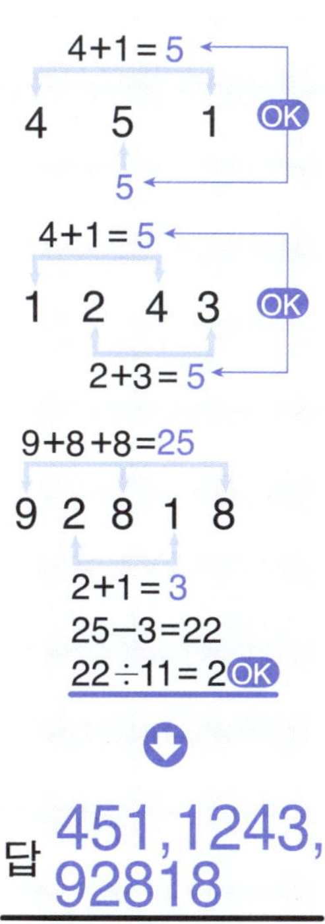

다음 수로 딱 나누어지는 수를 찾아보자.

① 다음 중 2로 딱 떨어지는 수에 ○를 하시오.

673,　　19,　　22,　　486,　　2461

② 다음 중 3으로 딱 떨어지는 수에 ○를 하시오.

33,　　471,　　75,　　217,　　142

③ 다음 중 4로 딱 떨어지는 수에 ○를 하시오.

530,　　3564,　　700,　　432,　　791

④ 다음 중 5로 딱 떨어지는 수에 ◯를 하시오.

515,　　551,　　3306,　　4280,　　7300

⑤ 다음 중 6으로 딱 떨어지는 수에 ◯를 하시오.

415,　　352,　　474,　　156,　　193

⑥ 다음 중 7로 딱 떨어지는 수에 ◯를 하시오.

651,　　483,　　320,　　95,　　91

⑦ 다음 중 8로 딱 떨어지는 수에 ◯를 하시오.

71000,　　3896,　　5100,　　3792,　　4563

⑧ 다음 중 9로 딱 떨어지는 수에 ○를 하시오.

378,　　4986,　　6328,　　5184,　　5741

⑨ 다음 중 10으로 딱 떨어지는 수에 ○를 하시오.

350,　　601,　　4500,　　725,　　6405

⑩ 다음 중 11로 딱 떨어지는 수에 ○를 하시오.

473,　　6512,　　371,　　71819,　　5299

풀이 방법을 확인하면서 답을 맞춰 보자.

① **22, 486** 힌트 → 130쪽

② **33, 471, 75** 힌트 → 131쪽

③ **3564, 700, 432** 힌트 → 132쪽

④ **515, 4280, 7300** 힌트 → 133쪽

⑤ **474, 156** 힌트 → 134쪽

⑥ **651, 483, 91** 힌트 → 135쪽

⑦ **71000, 3896, 3792** 힌트 → 136쪽

⑧ **378, 4986, 5184** 힌트 → 137쪽

⑨ **350, 4500** 힌트 → 138쪽

⑩ **473, 6512, 71819** 힌트 → 139쪽

04 나눗셈 문장 문제

지금까지 소개한 인도식 나눗셈술을 이용하여 문장 문제에 도전해 보자.

예제

카레를 파는 식당에서 어느 날 카레 가루 123kg을 구입했다. 매일 14kg씩 사용한다면 며칠 사용할 수 있고, 몇 kg이 남을까?

풀이

1 무엇을 구해야 하는지 생각한다.

구하는 것은 카레 가루를 사용할 수 있는 날 수와 남은 양이다.

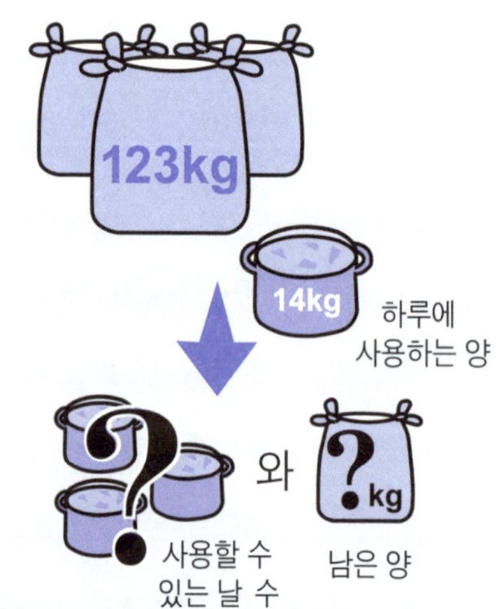

3 계산식을 생각한다.

카레 가루를 사용할 수 있는 날 수는 123kg을 하루에 사용하는 양으로 나눈 몫이며, 나머지는 남은 카레의 양이 된다.

4 필산으로 계산한다.

123÷14를 필산한다.

5 몫과 나머지를 구한다.

123÷14의 몫은 8이고 나머지는 11이다. 그러므로 카레 가루를 사용할 수 있는 기간은 8일간이며, 남은 양은 11kg이다.

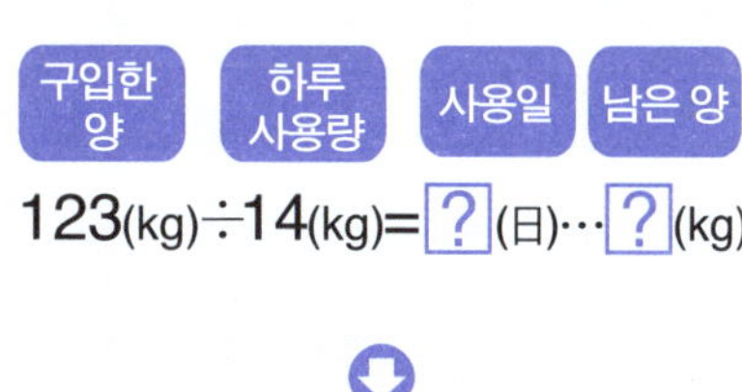

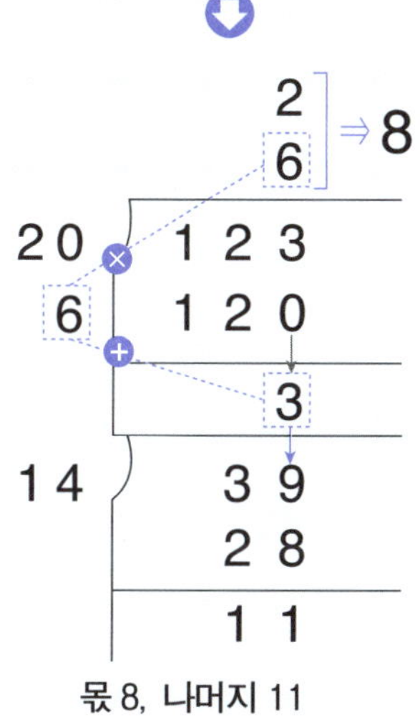

다음 문제를 읽고 답을 구해 보자.

① 기념우표 325장을 82명의 학생에게 똑같이 나누어 주려고 한다. 한 명이 몇 장씩 받고, 몇 장이 남을까?

② 형제 3명이 엄마의 생일 케이크를 사러 갔다. 3종류의 케이크가 있었으며, 값은 각각 A가 1620루피, B가 1750루피, C가 1840루피였다. 3명이 똑같이 돈을 내려면 A · B · C 중 어느 케이크를 사면 좋을까?

오늘의 날짜 ▶ _______ / _______

맞은 문제의 수 ▶ _______ / 2문

풀이 방법을 확인하면서 답을 맞춰 보자.

① 325장을 82명에게 나누어주면 1명당 갖는 몫은 몇이고, 나머지는
몇 장인지 구한다.

$$325\,(장) \div 82\,(명) = \boxed{?}\,(장) \cdots \boxed{?}\,(장)$$

우표의 장 수 학생 수 1명당 장 수 나머지 장 수

$$82\,)\,\overline{\,3\,2\,5\,}$$

몫 3, 나머지 79

답 1명당 ⋯ 3장, ⋯ 나머지 79장

계산 방법 나눗셈 02. 세 자리 수 ÷ 두 자리 수 (126쪽)

② 1620, 1750, 1840 중에서 3으로 딱 나누어지는 수를 고른다.

1620
1+6+2+0=9
9÷3=3 3으로 나누어진다

1750
1+7+5+0=13
13÷3=4⋯1 3으로 나누어지지 않는다

1840
1+8+4+0=13
13÷3=4⋯1 3으로 나누어지지 않는다

답 A

계산 방법 나눗셈 03-1. 2 · 3으로 딱 나누어지는 수 (130쪽)

나눗셈은 '십의 묶음 수 − ?'로 바꾸고 계산하는 것이 포인트이다. 딱
나누어지는 수의 조건도 기억해 두면 계산력이 더 높아진다.

1 두 자리 수 ÷ 두 자리 수

72 ÷ 23 = ?

3 나머지 3

2 세 자리 수 ÷ 두 자리 수

637 ÷ 25 = ?

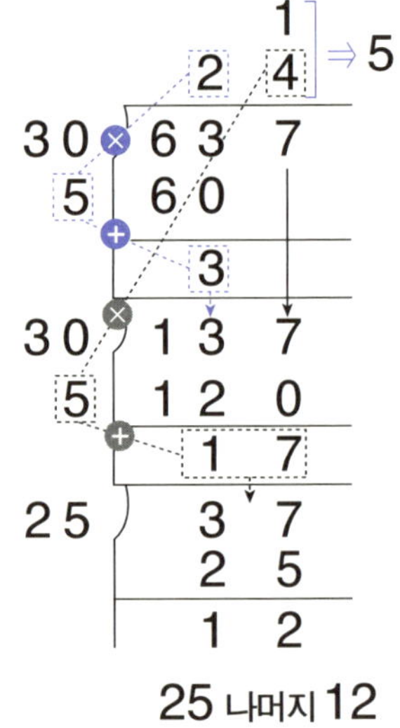

25 나머지 12

3 2~11로 나누어지는 수

1 2로 딱 나누어지는 수

■ 일의 자리가 짝수이다.

2 3으로 딱 나누어지는 수

■ 각 자리 수를 더한 수가 3으로 나누어
진다.

3 4로 딱 나누어지는 수

■ 뒤 두 자리 수가 00이거나, 또는 4로 딱 나누어진다.

4 5로 딱 나누어지는 수

■ 일의 자리가 0, 또는 5이다.

5 6으로 딱 나누어지는 수

■ 일의 자리가 짝수이고, 각 자리 수를 더한 수가 3으로 딱 나누어진다.

6 7로 딱 나누어지는 수

■ '일의 자리 이외의 수 − 일의 자리× 2'가 7로 딱 나누어진다.

7 8로 딱 나누어지는 수

■ 뒤 세 자리 수가 000이거나, 또는 8로 딱 나누어진다.

8 9로 딱 나누어지는 수

■ 각 자리 수를 더한 수가 9로 딱 나눠진다.

9 10으로 딱 나누어지는 수

■ 일의 자리 수가 0이다.

10 11로 딱 나누어지는 수

■ 하나 떨어진 수끼리 각각 더한 값이 같거나, 또는 그 차가 11로 딱 나눠진다.

인도인이 IT에 강한 이유?
~ 2진법의 구조 ~

인도인이 0을 발견한 덕분에 컴퓨터가 탄생할 수 있었고, 또 오늘날 인도인들은 IT 분야에서 크게 활약을 하고 있다. 그 비밀은 어디에 있는 것일까?

0과 컴퓨터에는 깊은 관계가 있다. 컴퓨터는 전류의 ON과 OFF 신호에 따라 여러 가지 계산을 하는데, 이것이 각각 1과 0이라는 숫자로 작용하고 있는 것이다.[※] 이 표현 방법을 2진법이라고 한다.

우리가 숫자를 셀 때 사용하는 방법은 10진법이다. 같은 수를 나타내지만 우리는 0~9까지 10개의 숫자를 사용하고, 컴퓨터는 0과 1이라는 숫자 2개만으로 표현하는 것이다.

2진법에서 '2'라는 수를 표기하려면 어떻게 해야 할까? 2진법에는 0과 1밖에 없으므로 한 자리 올려서 '10'이라고 표기한다. 마찬가지 이치로 3은 '11'이 된다. 그렇다면 4는? 또 한 자리 올려서 '100'이 된다. 컴퓨터는 0과 1만을 사용해서 똑똑하게 계산하고 있는 것이다.

아마 오늘날 인도인들이 IT분야에 강한 이유도 여기에 있는 것이 아닐까?

[※] 2진법에서는 자리 수가 너무 커지므로 현대 컴퓨터 기술에서는 2진법을 정리한 8진법이나 16진법을 많이 사용한다.

제 05 장

인도식 검산

검산이란 한번 계산한 답을 다른 방법을 사용하여 확인하는 방법이다. 9로 나눈 나머지를 이용하여 덧셈·뺄셈·곱셈·나눗셈을 검산하는 방법(구거법)을 소개한다.

포·인·트

9로 나눈 나머지를 사용하는 구거법으로 검산하자.

 9로 나눈 나머지를 구한다

9로 나눈 수의 나머지를 사용하면 검산을 할 수 있다. 우선 9로 나눈 수의 나머지를 구하는 방법을 외워 두자.

예제

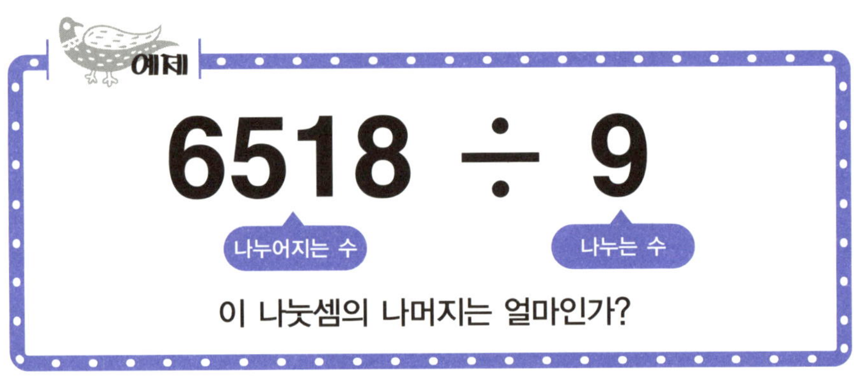

☀ 풀이

1 각각의 자리 수를 더한다.

나누어지는 수의 각 자리의 합(=6+5+1+8)을 구한다.

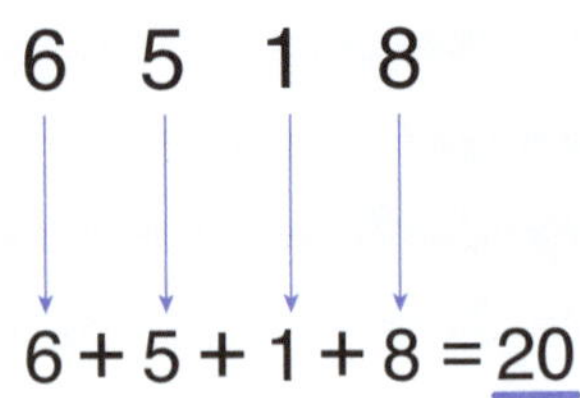

> 9로 딱 나누어지는 수인지 아닌지 조사하려면 [나눗셈 03-4. 8·9로 딱 나누어지는 수를 참조하자.(136쪽)

2 **1**에서 구한 값의 각 자리 수를 더한다.

2와 0을 더한 2가 나머지가 된다.

$$2 + 0 = \underline{2}$$

답 $\underline{2}$

> 더한 수가 9가 되면 9로 딱 나누어지는 수이므로 나머지는 0이다. 10 이상이라면 한 번 더 각 자리를 더한다.

연습 문제

$3417 \div 9$의 나머지를 구하시오.

해답 풀이

$$3 \quad 4 \quad 1 \quad 7$$

$$3 + 4 + 1 + 7 = 15 \longrightarrow 1 + 5 = 6$$

답 나머지 6

02 덧셈과 뺄셈의 검산 '구거법'

9로 나눈 수의 나머지를 이용해 덧셈과 뺄셈을 검산하는 방법을 배워 보자.

예제

다음 덧셈이 맞는지 검산을 해 보자.

$$356 + 789 = 1145$$

더해지는 수

더하는 수

☼ 풀이

1 더해지는 수를 9로 나눈 나머지를 구한다.

356의 각 자리 수를 더한다. 그 답의 각 자리를 더한 5가 나머지가 된다.

356
3+5+6=14
1+4=5

나머지 **5**

2 더하는 수를 9로 나눈 나머지를 구한다.

789의 각 자리 수를 더한다. 그 답의 각 자리를 더한 6이 나머지가 된다.

789
7+8+9=24
2+4=6

나머지 **6**

3 **1**과 **2**의 답을 더하여, 그 수의 9로 나 눈 나머지를 구한다.

1에서 구한 5와 **2**에서 구한 6을 더하여 그 답의 각 자리를 더한 2가 나머지가 된다.

$$5+6=11$$
$$1+1=2 \quad \text{나머지}\,\underline{2}$$

$$1+1+4+5=11$$
$$1+1=2 \quad \text{나머지}\,\underline{2}$$

답 <u>맞다</u>

4 덧셈의 답을 9로 나눈 나머지를 구한다.

1145의 각 자리 수를 더한다. 그 답의 각 자리를 더한 2가 나머지가 된다.

5 **3**과 **4**의 결과가 같은지 확인한다.

3과 **4**의 답이 같으므로 예제의 식은 맞다.

> **3**과 **4**의 답이 다르다면 예제의 식은 틀린 것이다.

예제

다음 뺄셈이 맞는지 검산을 해 보자.

$$825 - 428 = 397$$

☀ 풀이

1 빼지는 수를 9로 나눈 나머지를 구한다.

825의 각 자리 수를 더한다. 그 답의 각 자리를 더한 6이 나머지가 된다.

$$825$$
$$8+2+5=15$$
$$1+5=6$$
$$\text{나머지}\,6$$

2 빼는 수를 9로 나눈 나머지를 구한다.

428의 각 자리 수를 더한다. 그 답의 각 자리를 더한 5가 나머지가 된다.

428
4+2+8=14
1+4=5
나머지 **5**

3 **1**의 답에서 **2**의 답을 빼, 그 수의 9로 나눈 나머지를 구한다.

1에서 구한 6에서 **2**에서 구한 5를 뺀 1이 나머지가 된다.

6 − 5 = 1
나머지 **1**

> **1**−**2**를 계산할 수 없을 때는 **1**에 9를 더하고 나서 뺄셈을 한다

4 뺄셈의 답을 9로 나눈 나머지를 구한다.

397의 각 자리 수를 더한다. 그 답의 각 자리를 더한 1이 나머지가 된다.

397
3+9+7=19
1+9=10
1+0=1
나머지 **1**

> 여기에서 더한 수의 답이 두 자리 수 이상이 될 때는, 한 번 더 각 자리의 수를 더한다.

답 <u>맞다</u>

5 **3**과 **4**의 결과가 같은지 확인한다.

3과 **4**의 답이 같으므로 예제의 식은 맞다.

> **3**과 **4**의 답이 다르다면 예제의 식은 틀린 것이다.

다음 계산이 맞는지 검산으로 확인해 보자.

① **324 + 817 = 1141**

② **635 + 247 = 389**

풀이 방법을 확인하면서 답을 맞춰 보자.

① **324 + 817 = 1141**

더해지는 수(=324)를
9로 나눈 나머지
3+2+4=9
9로 딱 떨어지므로
나머지는 0

더하는 수(=817)를
9로 나눈 나머지
8+1+7=16
1+6=7

$$0+7=\underline{7}$$

답(=1141)을
9로 나눈 나머지
1+1+4+1=\underline{7}

답 맞다

② **635 − 247 = 389**

빼지는 수(=635)를
9로 나눈 나머지
6+3+5=14
1+4=5

빼는 수(=247)를
9로 나눈 나머지
2+4+7=13
1+3=4

$$5-4=\underline{1}$$

답(=389)을
9로 나눈 나머지
3+8+9=20
2+0=\underline{2}

답 맞지 않다

03 곱셈과 나눗셈의 검산 '구거법'

9로 나눈 수의 나머지를 이용해 곱셈과 나눗셈을 검산하는 방법을 배워 보자.

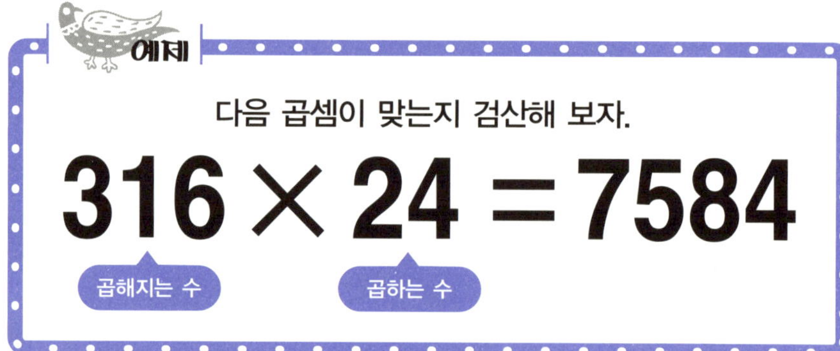

☀ 풀이

1 곱해지는 수를 9로 나눈 나머지를 구한다.

316의 각 자리 수를 더한다. 그 답의 각 자리를 더한 1이 나머지가 된다.

316
3+1+6=10
1+0=1
나머지 **1**

2 곱하는 수를 9로 나눈 나머지를 구한다.

24의 각 자리 수를 더한다. 그 답인 6이 나머지가 된다.

24
2+4=6
나머지 **6**

③ ❶과 ❷의 답을 곱해서, 그 수의 9로 나눈 나머지를 구한다.

❶에서 구한 1과 ❷에서 구한 6을 곱한 6이 나머지가 된다.

$1 \times 6 = 6$ 나머지 <u>6</u>

$7 + 5 + 8 + 4 = 24$
$2 + 4 = 6$ 나머지 <u>6</u>

답 <u>맞다</u>

④ 곱셈의 답을 9로 나누었을 때의 나머지를 구한다.

7584의 각 자리 수를 더한다. 그 답의 각 자리를 더한 6이 나머지가 된다.

⑤ ③과 ❹의 결과가 같은지 확인한다.

결과가 같으므로 예제의 식은 맞다.

> ❸과 ❹의 답이 다르다면 예제의 식은 틀린 것이다.

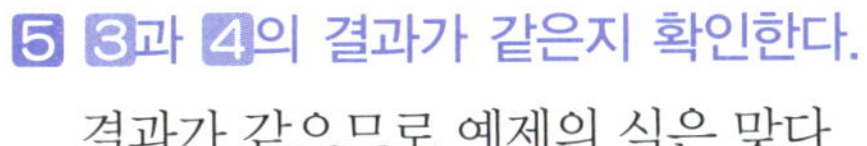

예제

다음 나눗셈이 맞는지 검산하시오.

$$672 \div 12 = 56$$

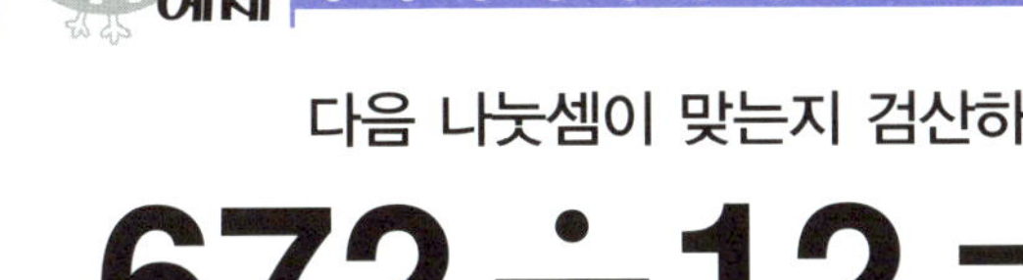

☀ **풀이**

① 나누는 수를 9로 나눈 나머지를 구한다.

12의 각 자리 수를 더한다. 그 답의 각 자리를 더한 3이 나머지가 된다.

12
$1 + 2 = 3$
나머지 3

<table>
<tr><td>

2 나눗셈의 답을 9로 나눈 나머지를 구한다.

56의 각 자리 수를 더한다. 그 답의 각 자리를 더한 2가 나머지가 된다

</td><td>

56

$5 + 6 = 11$

$1 + 1 = 2$

나머지 **2**

</td></tr>
</table>

3 **1**과 **2**의 답을 곱하고, 그 수를 9로 나눈 나머지를 구한다.

1에서 구한 3과 **2**에서 구한 2를 곱하고, 그 답의 각 자리를 더한 6이 나머지가 된다.

$3 \times 2 = 6$

나머지 <u>**6**</u>

4 나누어지는 수를 9로 나눈 나머지를 구한다.

672의 각 자리 수를 더한다. 그 답의 각 자리를 더한 6이 나머지가 된다.

672

$6 + 7 + 2 = 15$

$1 + 5 = 6$

나머지 <u>**6**</u>

5 **3**과 **4**의 결과가 같은지 확인한다.

답이 같으므로 예제의 식은 맞다.

> **3**과 **4**의 답이 다르다면 예제의 식은 틀린 것이다.

답 <u>맞다</u>

다음 계산이 맞는지 검산으로 확인해 보자.

① **427 × 38 = 16126**   ② **703 ÷ 37 = 19**

풀이 방법을 확인하면서 답을 맞춰 보자.

① **427 × 38 = 16126**

곱해지는 수(=427)를
9로 나눈 나머지
4+2+7=13
1+3=4

곱하는 수(=38)를
9로 나눈 나머지
3+8=11
1+1=2

$4 \times 2 = \underline{8}$

답(=16126)을
9로 나눈 나머지
1+6+1+2+6=16
1+6=$\underline{7}$

답 <u>맞지 않다</u>

② **703 ÷ 37 = 19**

나누는 수(=37)를
9로 나눈 나머지
3+7=10
1+0=1

답(=19)을
9로 나눈 나머지
1+9=10
1+0=1

$1 \times 1 = \underline{1}$

나누어지는 수(=703)를
9로 나눈 나머지
7+0+3=10
1+0=$\underline{1}$

답 <u>맞다</u>

다음 계산의 답을 검산으로 확인해 보자.

1 덧셈 검산

① **751＋328 ＝ 1079**

더해지는 수(=751)를
9로 나눈 나머지
7+5+1=13
1+3=4

더하는 수(=328)를
9로 나눈 나머지
3+2+8=13
1+3=4

→ 4+4 = **8**

답(=1079)을
9로 나눈 나머지
1+0+7+9=17
1+7= **8**

나머지 8이
같으므로

답 **맞다**

2 뺄셈 검산

② **1327－518 ＝ 809**

빼지는 수(=1327)를
9로 나눈 나머지
1+3+2+7=13
1+3=4

빼는 수(=518)를
9로 나눈 나머지
5+1+8=14
1+4=5

(4+9)−5
= **8**

답(=809)을
9로 나눈 나머지
8+0+9=17
1+7= **8**

나머지 8이
같으므로

답 **맞다**

3 곱셈 검산

① **674×58 ＝ 39092**

곱해지는 수(=674)를
9로 나눈 나머지
6+7+4=17
1+7=8

곱하는 수(=58)를
9로 나눈 나머지
5+8=13
1+3=4

8×4=32
3+2= **5**

답(=39092)을
9로 나눈 나머지
3+9+0+9+2=23
2+3= **5**

나머지 5가
같으므로

답 **맞다**

4 나눗셈 검산

② **1036÷37 ＝ 28**

나누는 수(=37)를
9로 나눈 나머지
3+7=10
1+0=1

몫(=28)을 9로
나눈 나머지
2+8=10
1+0=1

→ 1×1 = **1**

나누어지는 수(=1036)를
9로 나눈 나머지
1+0+3+6=10
1+0= **1**

나머지 1이
같으므로

답 **맞다**

제 06 장

계산 테스트

인도식 덧셈·뺄셈·곱셈·나눗셈·검산 계산술을 마스터했는지 확인하기 위한 테스트이다. 계산을 확실하게 하기 위해 여러 번 반복 연습을 하자.

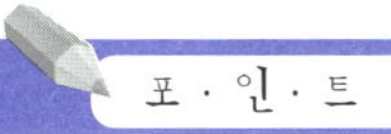

포·인·트

문제를 반복해서 푸는 것이 최선의 방법이다.

1 바둑판을 이용하여 다음 계산을 해 보자. (각 10점×6)

① $53 + 65 =$　　　　　　　② $38 + 29 =$

③ $718 + 241 =$　　　　　　④ $653 + 382 =$

⑤ $479 + 39 =$　　　　　　⑥ $829 + 74 =$

2 자리가 큰 쪽부터 순서대로 계산해 보자. (각 10점×4)

① 46389 + 26423 =

② 384925 + 4923 =

③ 674 + 531 + 839 =

④ 334 + 649 + 753 =

월 / 일	**1**	**2**	합계
	60점	40점	100점

1 바둑판을 이용하여 다음 계산을 해 보자. (각 10점×6)

① **53 + 65 = 118**
계산 방법 → 덧셈 1

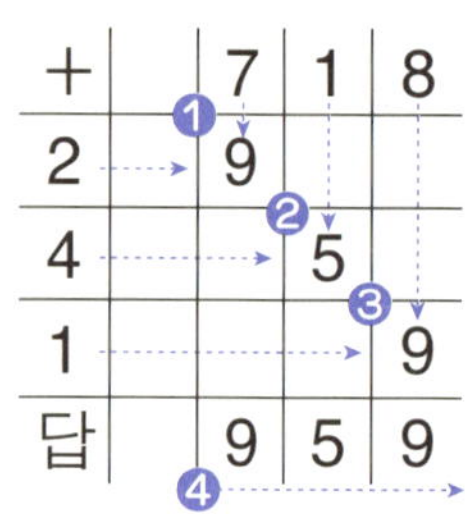

② **38 + 29 = 67**
계산 방법 → 덧셈 1

③ **718 + 241 = 959**
계산 방법 → 덧셈 1

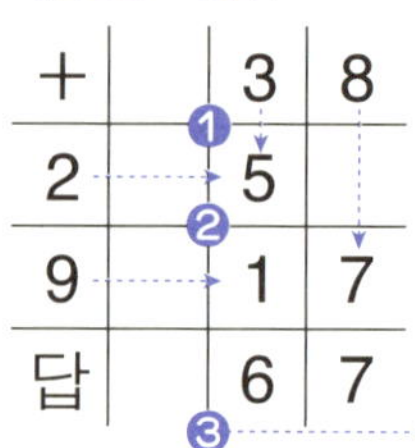

④ **653 + 382 = 1035**
계산 방법 → 덧셈 1

⑤ **479 + 39 = 518**
계산 방법 → 덧셈 2

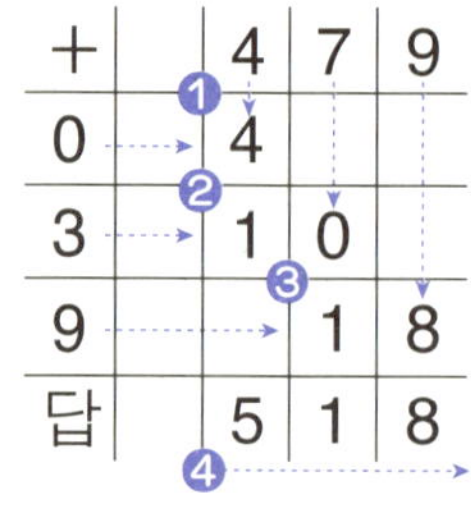

⑥ **829 + 74 = 903**
계산 방법 → 덧셈 2

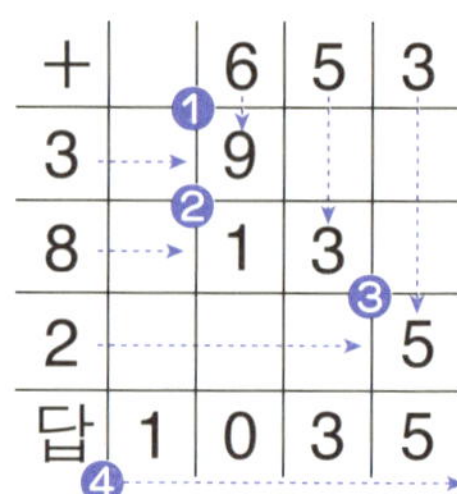

2 자리가 큰 쪽부터 순서대로 계산해 보자. (각 10점×4)

① **46389 + 26423 = 72812**

계산 방법 → 덧셈 3

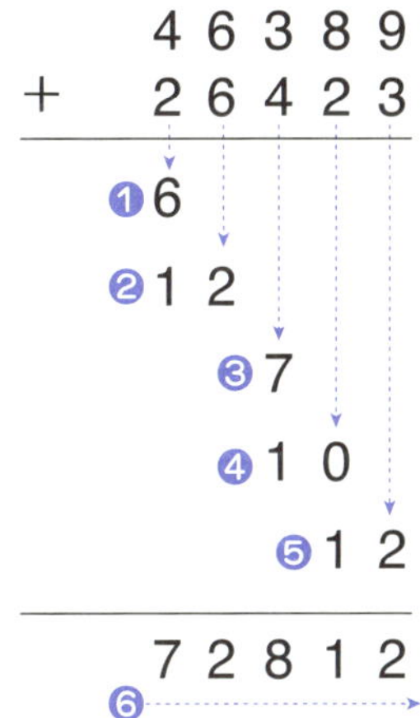

② **384925 + 4923 = 389848**

계산 방법 → 덧셈 3

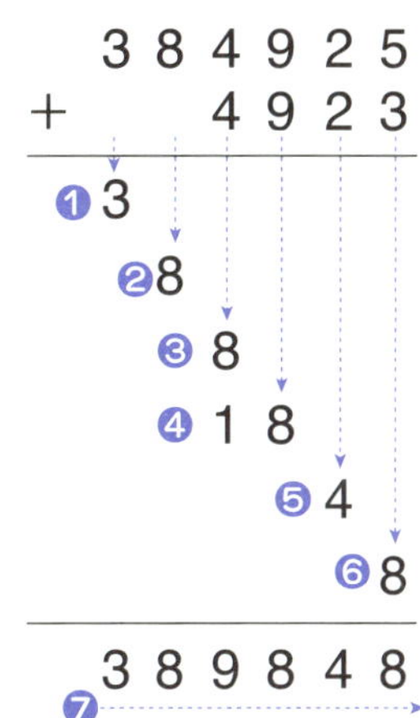

③ **674 + 531 + 839 = 2044**

계산 방법 → 덧셈 4

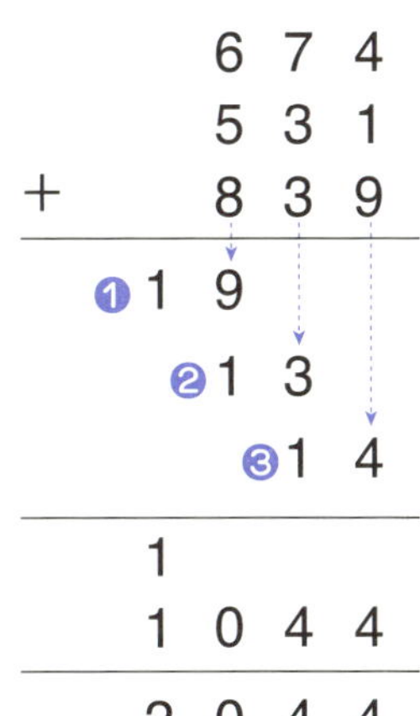

④ **334 + 649 + 753 = 1736**

계산 방법 → 덧셈 4

1 큰 자리부터 빼는 방법으로 계산해 보자. (각 10점×6)

① $73 - 58 =$　　　　　　② $97 - 39 =$

③ $531 - 28 =$　　　　　　④ $367 - 98 =$

⑤ $4153 - 297 =$　　　　　⑥ $3263 - 515 =$

2 다음 문제의 계산 방법을 잘 생각해서 풀어 보자. (각 8점×5)

① $100-47=$

② $100-28=$

③ $1000-128=$

④ $1000-746=$

⑤ $1000-562=$

월 / 일	1	2	합계
		60점 / **40**점	**100**점

1 큰 자리부터 빼는 방법으로 계산해 보자. (각 10점×6)

① 73 − 58 = 15

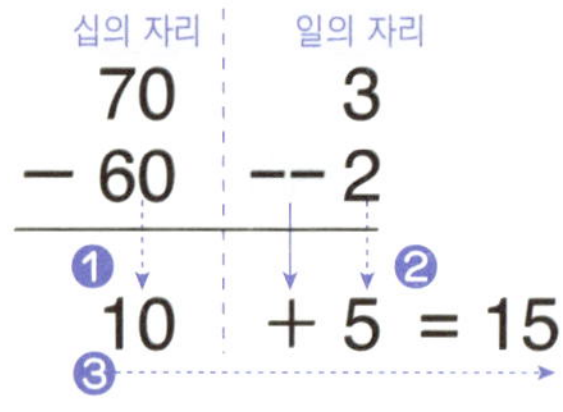

② 97 − 39 = 58

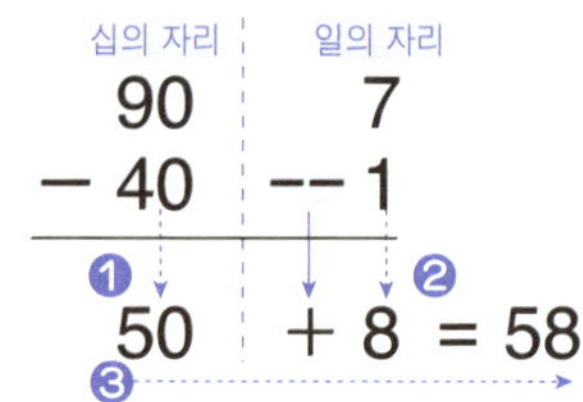

③ 531 − 28 = 503

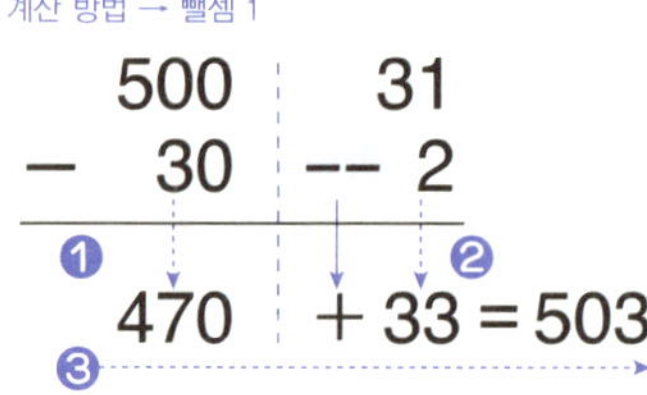

④ 367 − 98 = 269

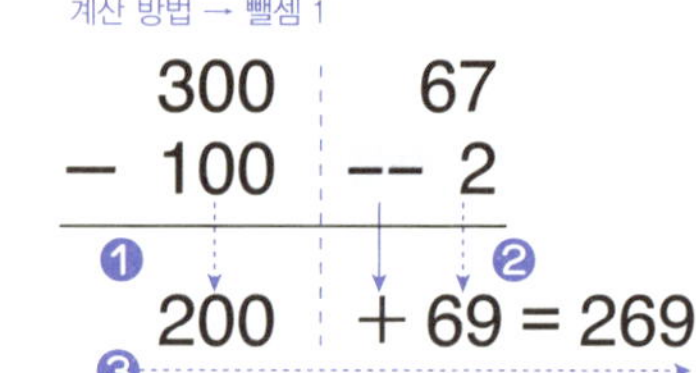

⑤ 4153 − 297 = 3856

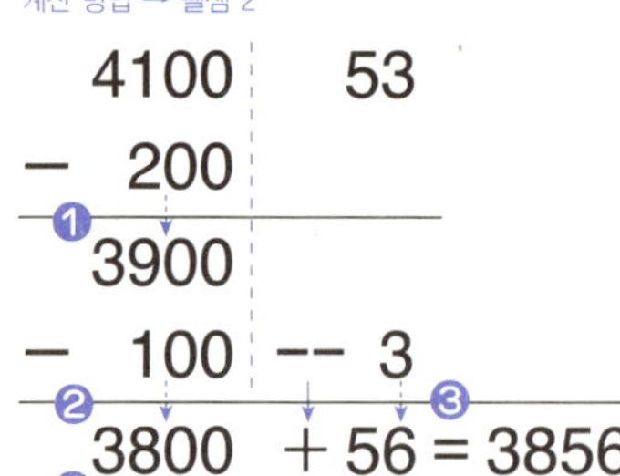

⑥ 3263 − 515 = 2748

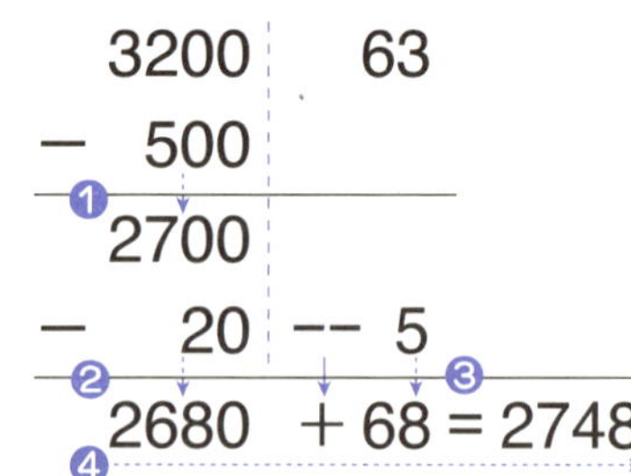

② 다음 문제의 계산 방법을 잘 생각해서 풀어 보자. (각 8점×5)

① $100 - 47 = 53$

계산 방법 → 뺄셈 3

$$\begin{array}{r} 9\ 9 \\ -\ 4\ 7 \\ \hline \end{array}$$

❶ ❷

$5\ 2 + 1 = 53$

❸

② $100 - 28 = 72$

계산 방법 → 뺄셈 3

$$\begin{array}{r} 9\ 9 \\ -\ 2\ 8 \\ \hline \end{array}$$

❶ ❷

$7\ 1 + 1 = 72$

❸

③ $1000 - 128 = 872$

계산 방법 → 뺄셈 4

$$\begin{array}{r} 9\ 9\ 9 \\ -1\ 2\ 8 \\ \hline \end{array}$$

❶ ❷ ❸

$8\ 7\ 1 + 1 = 872$

❹

④ $1000 - 746 = 254$

계산 방법 → 뺄셈 4

$$\begin{array}{r} 9\ 9\ 9 \\ -7\ 4\ 6 \\ \hline \end{array}$$

❶ ❷ ❸

$2\ 5\ 3 + 1 = 254$

❹

⑤ $1000 - 562 = 438$

계산 방법 → 뺄셈 4

$$\begin{array}{r} 9\ 9\ 9 \\ -5\ 6\ 2 \\ \hline \end{array}$$

❶ ❷ ❸

$4\ 3\ 7 + 1 = 438$

❹

1 바둑판을 이용해 다음 계산을 해 보자. (각 10점×2)

① $39 \times 47 =$　　　　　　② $432 \times 789 =$

2 다음 문제의 계산 방법을 잘 생각해서 풀어 보자. (각 10점×2)

① $459 \times 11 =$　　　　　　② $97 \times 94 =$

3 다음 계산을 특별한 필산으로 푸시오. (각 12점×5)

①
```
    3 7
×   3 7
```

②
```
    4 3
×   4 2
```

③
```
    4 8
×   5 2
```

④
```
    4 3
×   4 7
```

⑤
```
    3 4
×   7 4
```

월 / 일	**1**	**2**	**3**	합계
	20점	20점	60점	100점

1 바둑판을 이용해 다음 계산을 해 보자. (각 10점×2)

① **39 × 47 = 1833**
계산 방법 → 곱셈 1

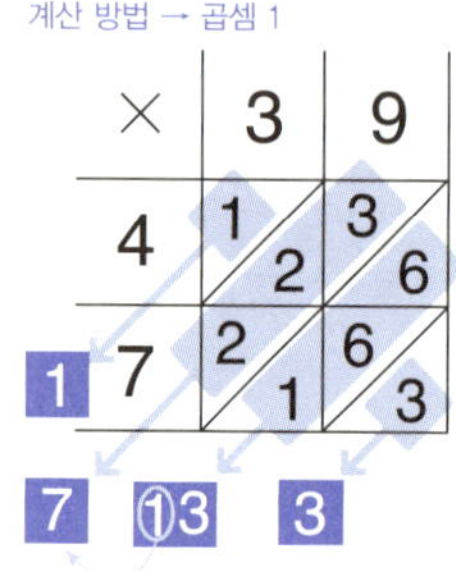

② **432 × 789 = 340848**
계산 방법 → 곱셈 2

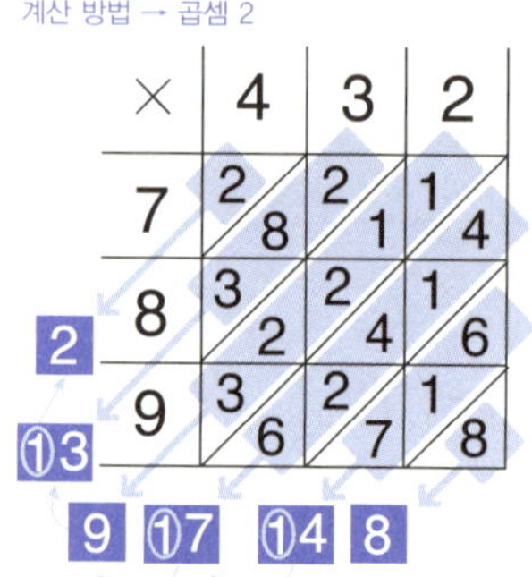

2 다음 문제의 계산 방법을 잘 생각해서 풀어 보자. (각 10점×2)

① **459 × 11 = 5049**
계산 방법 → 곱셈 3

459 → 04590

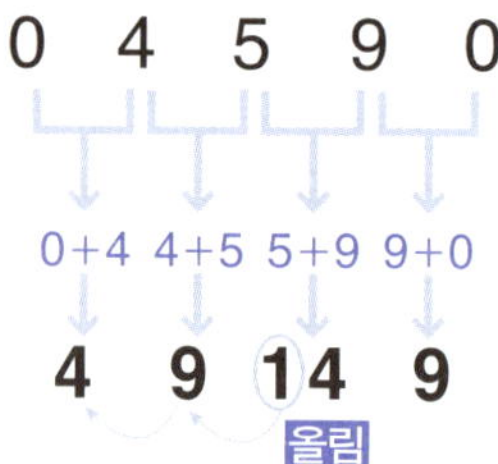

② **97 × 94 = 9118**
계산 방법 → 곱셈 4

97 → 100까지 3필요
94 → 100까지 6필요

① 계산 방법 → 곱셈 6

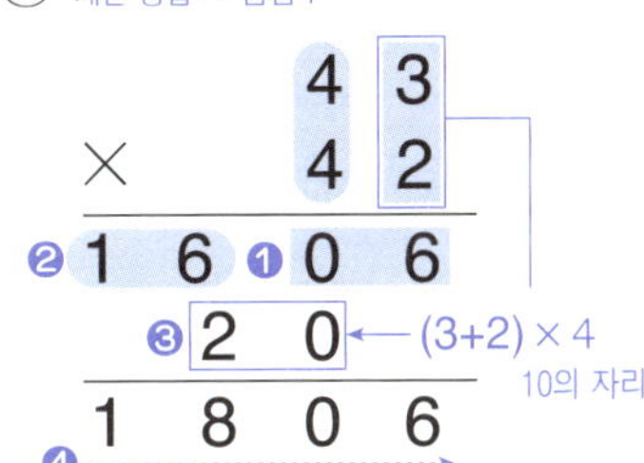

② 계산 방법 → 곱셈 7

③ 계산 방법 → 곱셈 9

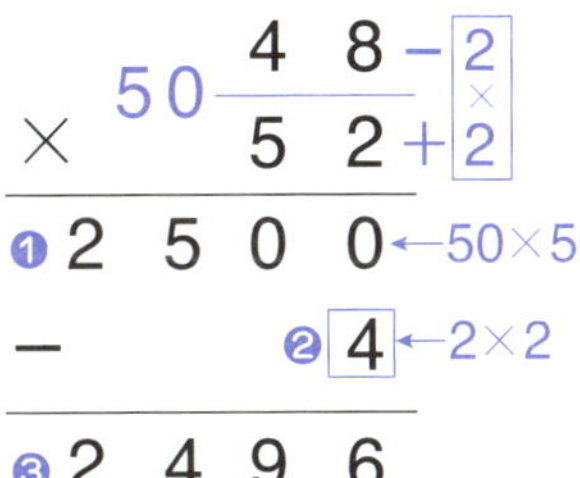

④ 계산 방법 → 곱셈 10

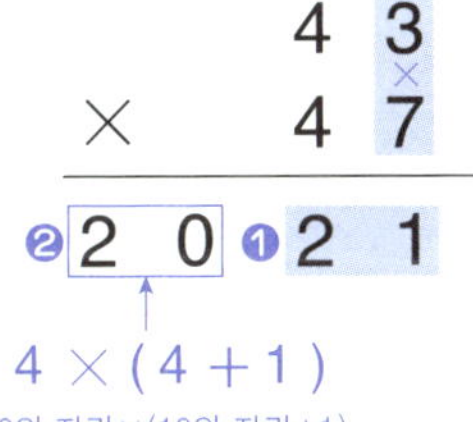

⑤ 계산 방법 → 곱셈 11

기준 시간 ❶ ❷ 1문제 12초 ❸ ❹ 1문제 10초

1 특별한 필산을 이용하여 몫과 나머지를 구해 보자. (각 12점×4)

① **73 ÷ 12 =**

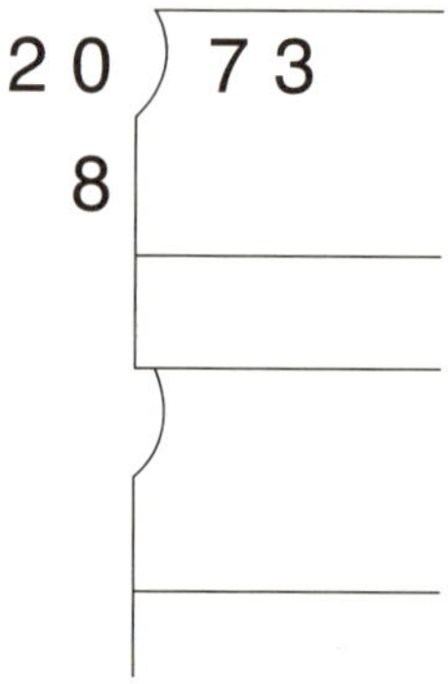
20
73
8

② **54 ÷ 13 =**

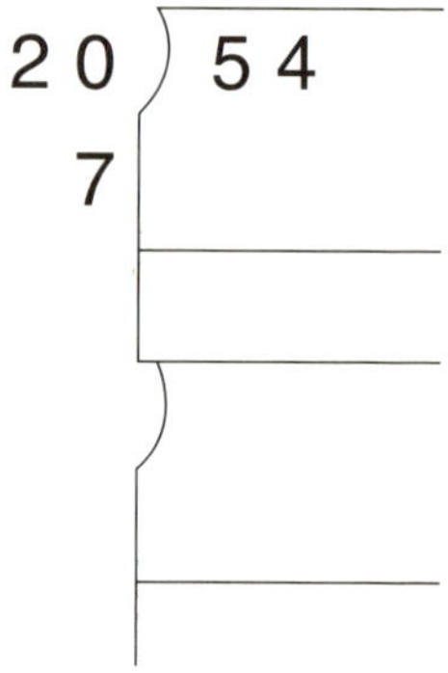
20
54
7

③ **63 ÷ 28 =**

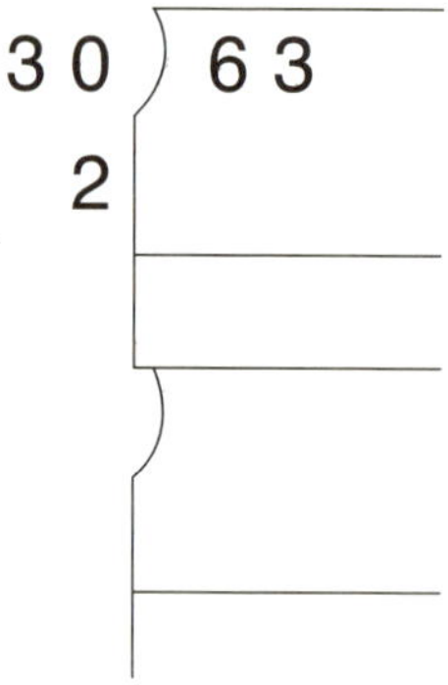
30
63
2

④ **79 ÷ 14 =**

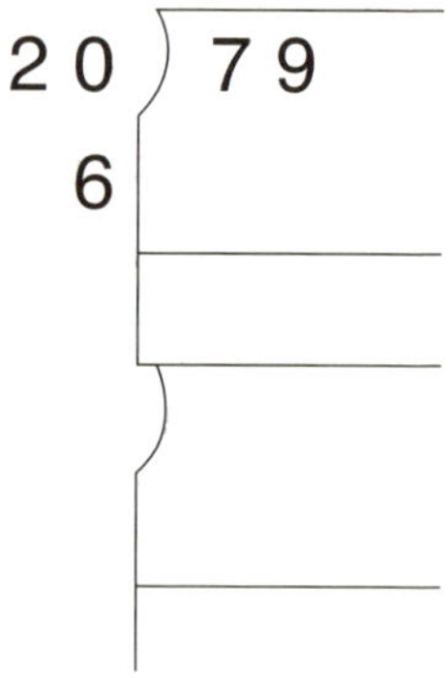
20
79
6

2 특별한 필산을 이용하여 몫과 나머지를 구해 보자. (각 20점×2)

① **753 ÷ 37 =**

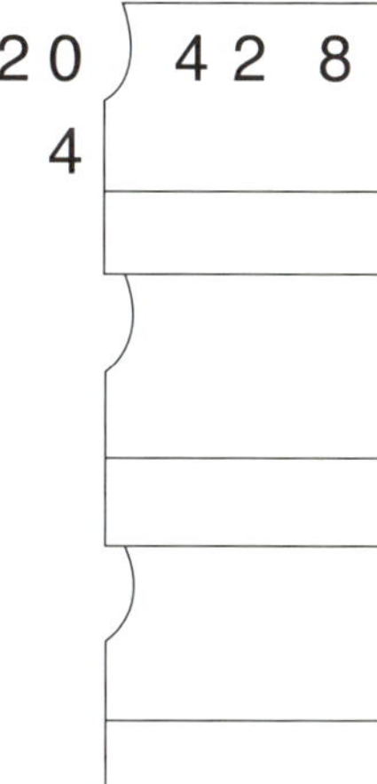

② **428 ÷ 16 =**

3 다음 문제를 풀어 보자. (각 6점×2)

① 5832는 3으로 딱 나누어지는가?

② 4532는 11로 딱 나누어지는가?

월 / 일	1	2	3	합계
/	/ 48점	/ 40점	/ 12점	/ 100점

1 특별한 필산을 이용하여 몫과 나머지를 구해 보자. (각 12점×4)

① **73 ÷ 12 = 6** 나머지 **1**
계산 방법 → 나눗셈 1

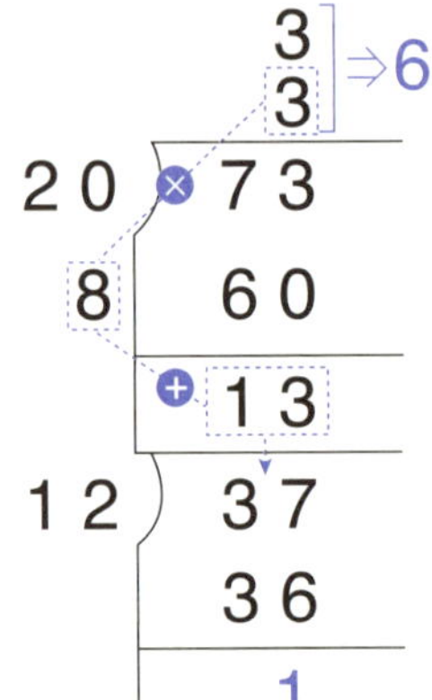

② **54 ÷ 13 = 4** 나머지 **2**
계산 방법 → 나눗셈 1

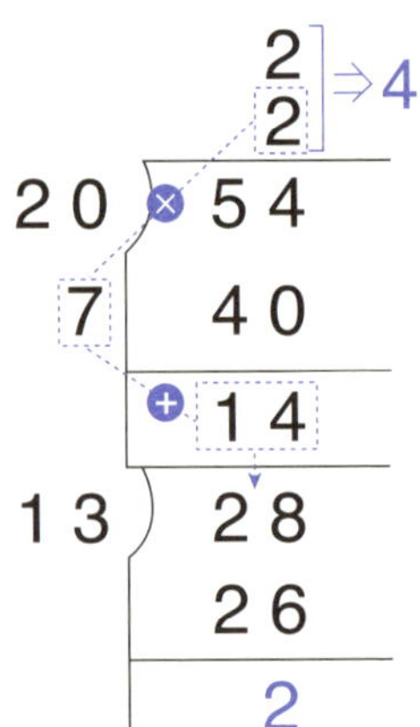

③ **63 ÷ 28 = 2** 나머지 **7**
계산 방법 → 나눗셈 1

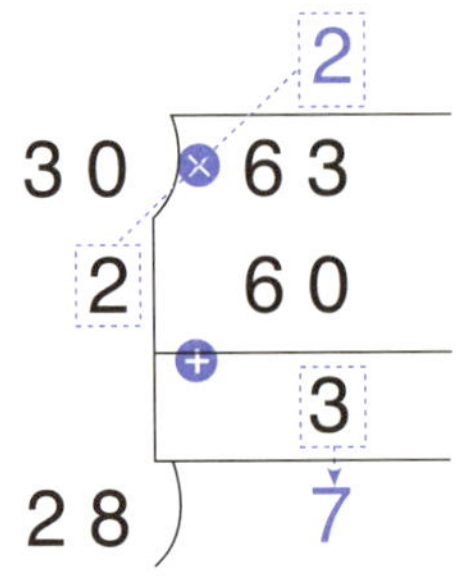

④ **79 ÷ 14 = 5** 나머지 **9**
계산 방법 → 나눗셈 1

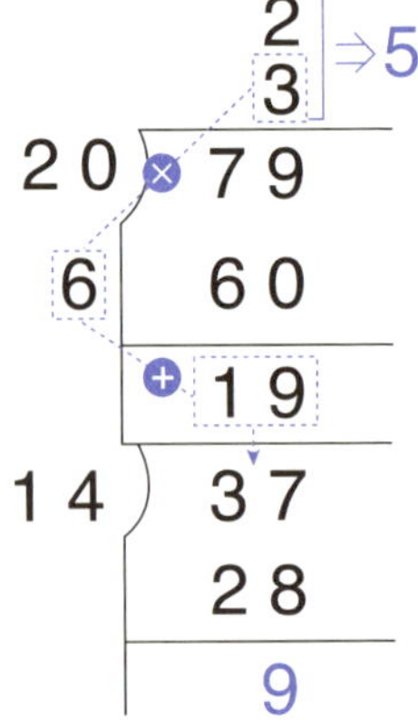

2 특별한 필산을 이용하여 몫과 나머지를 구해 보자. (각 20점×2)

① **753 ÷ 37 = 20** 나머지 **13**
계산 방법 → 나눗셈 2

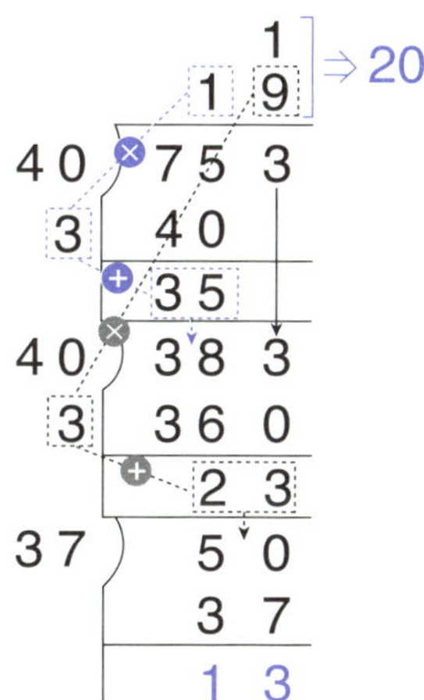

② **428 ÷ 16 = 26** 나머지 **12**
계산 방법 → 나눗셈 2

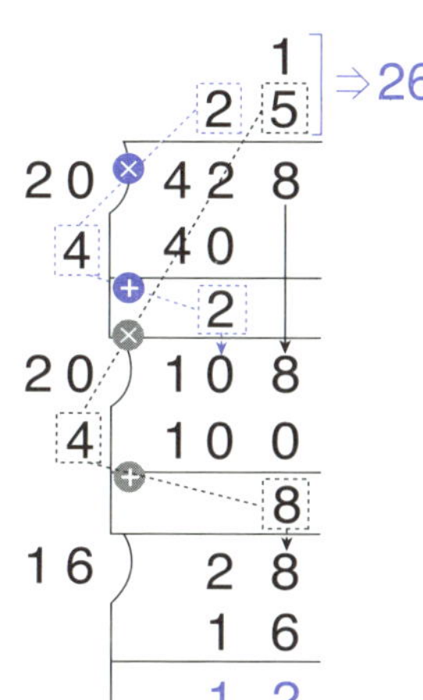

3 다음 문제를 풀어 보자. (각 6점×2)

① 5832는 3으로 딱 나누어지는가?
계산 방법 → 나눗셈 3-1

$$5 + 8 + 3 + 2 = 18$$
$$18 ÷ 3 = 6$$

답 <u>딱 나누어진다</u>

② 4532는 11로 딱 나누어지는가?
계산 방법 → 나눗셈 3-5

답 <u>딱 나누어진다</u>

기준 시간 **1 2 3** 1문제 8초 **4** 1문제 10초 **5** 1문제 8초

1 바둑판을 이용하여 계산해 보자. (각 10점×2)

① $178 + 89 =$　　　　　　② $328 + 549 =$

2 자리가 큰 쪽부터 순서대로 계산해 보자. (각 10점×2)

① $38492 + 62131 =$　　　　② $512 + 463 + 918 =$

3 화살표를 힌트로 1~9를 채워 마방진을 만들어 보자. (각 10점×2)

① 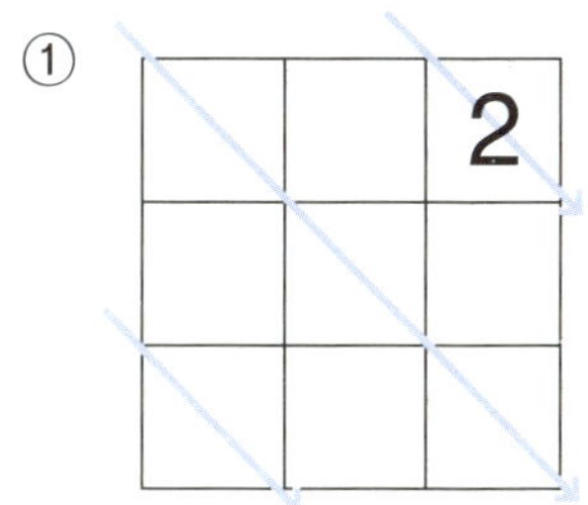

② 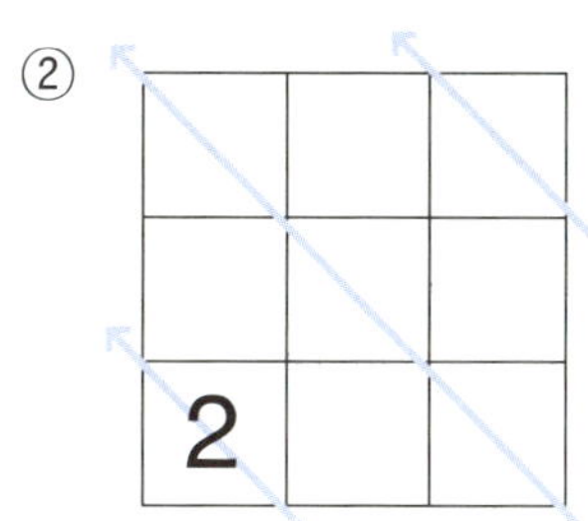

4 큰 자리부터 빼는 방법으로 계산해 보자. (각 10점×2)

① 93－29 =

② 438－59 =

5 다음 계산을 특별한 필산으로 풀어 보자. (각 10점×2)

① 100－36 =

② 1000－692 =

월 / 일	❶	❷	❸	❹	❺	합계
	20점	20점	20점	20점	20점	100점

1 바둑판을 이용하여 계산해 보자. (각 10점×2)

① **178 + 89 = 267**

계산 방법 → 덧셈 2

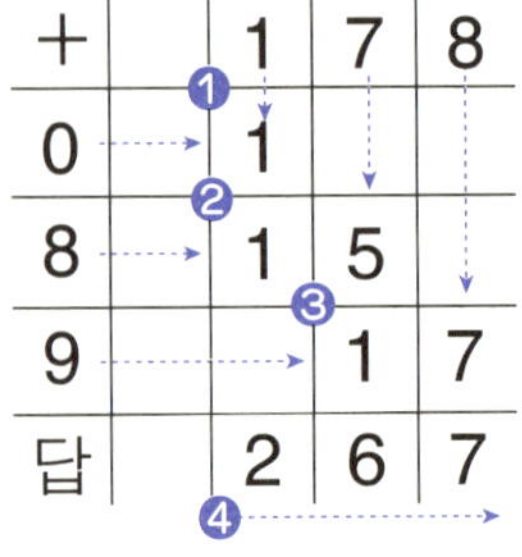

② **328 + 549 = 877**

계산 방법 → 덧셈 1

② **자리가 큰 쪽부터 순서대로 계산해 보자.** (각 10점×2)

① **38492 + 62131 = 100623**

계산 방법 → 덧셈 3

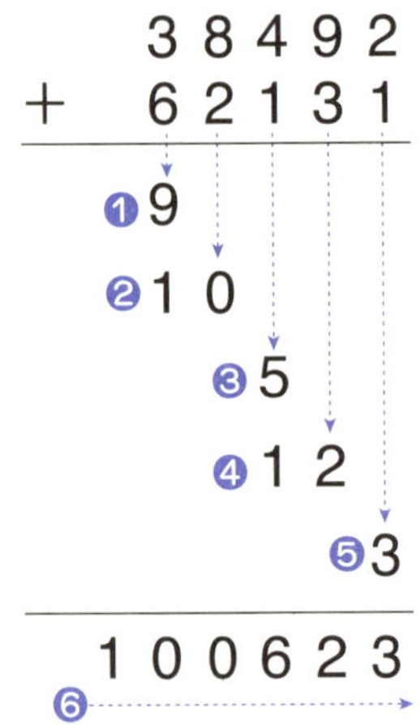

② **512 + 463 + 918 = 1893**

계산 방법 → 덧셈 4

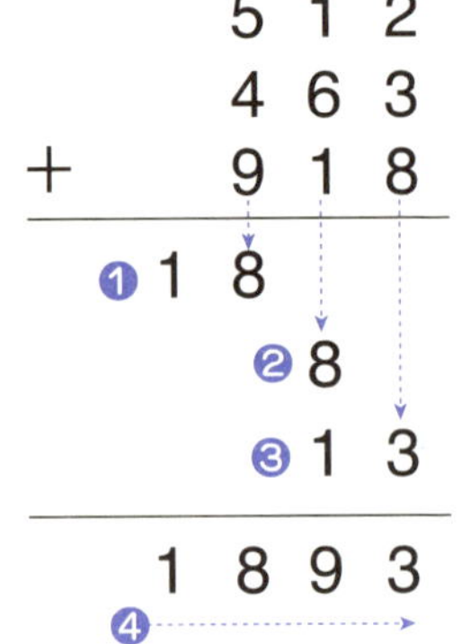

3 화살표를 힌트로 1~9를 채워 마방진을 만들어 보자. (각 10점×2)

① 계산 방법 → 덧셈 5

```
        1
    ┌───┬───┬───┐
    │ 4 │ 9 │ 2 │
  7 ├───┼───┼───┤ 3
    │ 3 │ 5 │ 7 │
    ├───┼───┼───┤
    │ 8 │ 1 │ 6 │
    └───┴───┴───┘
        9
```

② 계산 방법 → 덧셈 5

```
          9
    ┌───┬───┬───┐
    │ 6 │ 1 │ 8 │
  3 ├───┼───┼───┤ 7
    │ 7 │ 5 │ 3 │
    ├───┼───┼───┤
    │ 2 │ 9 │ 4 │
    └───┴───┴───┘
          1
```

4 큰 자리부터 빼는 방법으로 계산해 보자. (각 10점×2)

① **93−29 = 64**

계산 방법 → 뺄셈 1

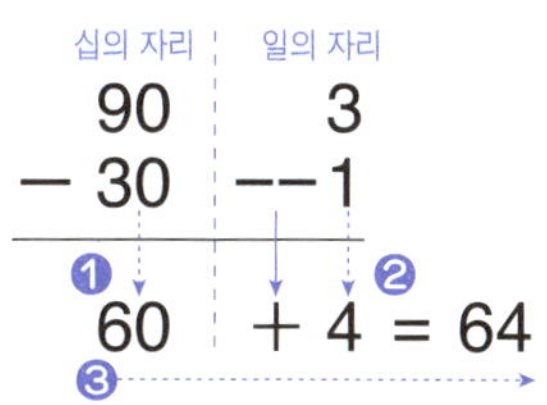

```
  십의 자리 ┊ 일의 자리
    90      ┊    3
  − 30      ┊ -- 1
  ─────────────────
    60      ┊ + 4 = 64
```

② **438−59 = 379**

계산 방법 → 뺄셈 1

```
    400     ┊   38
  −  60     ┊ -- 1
  ─────────────────
    340     ┊ +39 = 379
```

5 다음 계산을 특별한 필산으로 풀어 보자. (각 10점×2)

① **100−36 = 64**

계산 방법 → 뺄셈 3

```
    9 9
  − 3 6
  ─────────
    6 3 + 1 = 64
```

② **1000−692 = 308**

계산 방법 → 뺄셈 4

```
    9 9 9
  − 6 9 2
  ─────────
    3 0 7 + 1 = 308
```

1 바둑판을 이용하여 계산해 보자. (각 10점×2)

① **198 × 24 =**   ② **689 × 493 =**

2 다음 문제의 계산 방법을 잘 생각해서 풀어 보자. (각 10점×4)

① **48 × 48 =**   ② **68 × 72 =**

① **354 × 11 =**   ② **64 × 33 =**

❸ 특별한 필산을 이용하여 몫과 나머지를 구해 보자. (각 15점×2)

① **89 ÷ 13 =**

$$20\,)\overline{\,89\,}$$
7

② **734 ÷ 18 =**

$$20\,)\overline{\,734\,}$$
2

❹ 다음 계산이 맞는지 검산으로 확인해 보자. (각 10점×1)

734 − 298 = 436

월 / 일	❶	❷	❸	❹	합계
/	/ **20**점	/ **40**점	/ **30**점	/ **10**점	/ **100**점

1 바둑판을 이용하여 계산해 보자. (각 10점×2)

① **198 × 24 = 4752**
계산 방법 → 곱셈 2

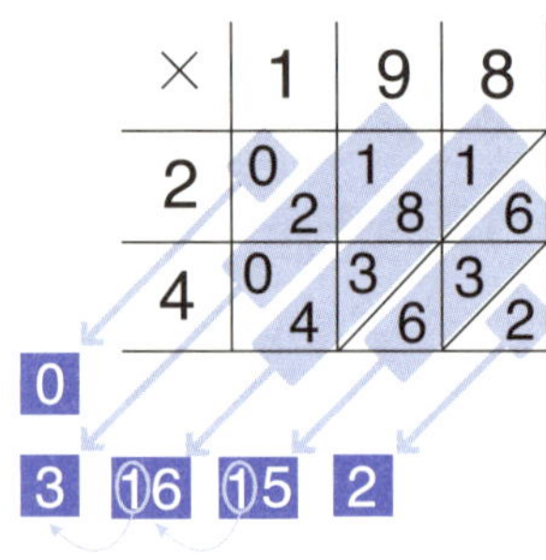

② **689 × 493 = 339677**
계산 방법 → 곱셈 2

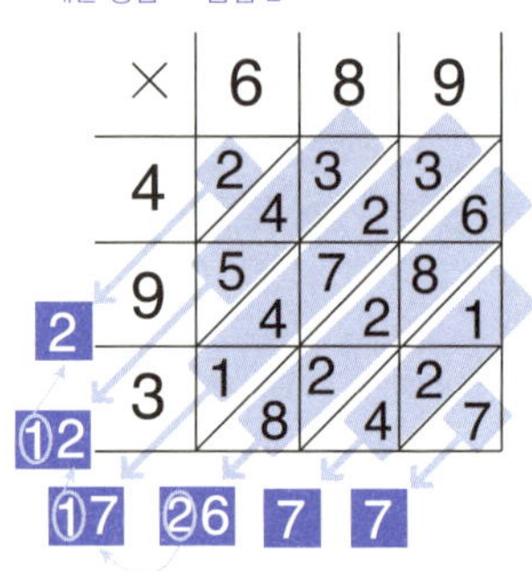

2 다음 문제의 계산 방법을 잘 생각해서 풀어 보자. (각 10점×4)

① **48 × 48 = 2304**
계산 방법 → 곱셈 6

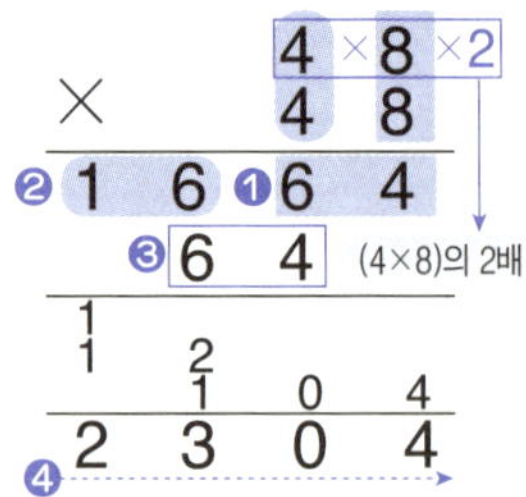

② **68 × 72 = 4896**
계산 방법 → 곱셈 9

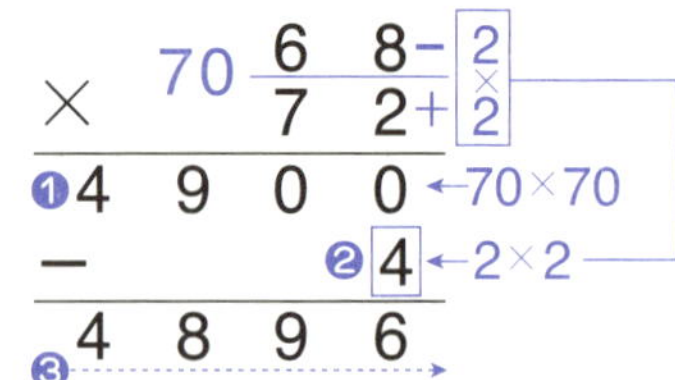

① **354 × 11 = 3894**
계산 방법 → 곱셈 3

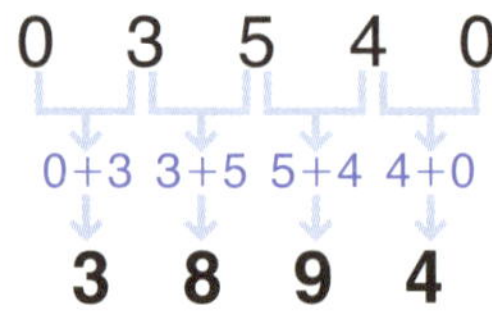

② **64 × 33 = 2112**
계산 방법 → 곱셈 12

3 특별한 필산을 이용하여 몫과 나머지를 구해 보자. (각 15점×2)

① **89 ÷ 13 = 6** 나머지 **11**
계산 방법 → 나눗셈 1

② **734 ÷ 18 = 40** 나머지 **14**
계산 방법 → 나눗셈 2

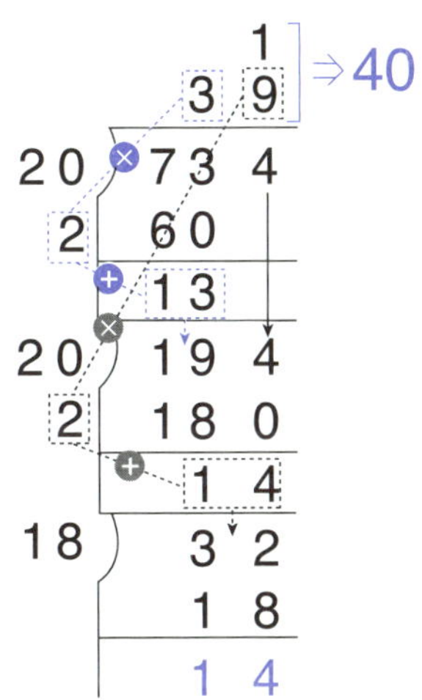

4 다음 계산이 맞는지 검산으로 확인해 보자. (각 10점×1)

734 − 298 = 436
계산 방법 → 검산 2

빼지는 수(=734)를
9로 나눈 나머지
7+3+4=14
1+4=5

빼는 수(=298)를
9로 나눈 나머지
2+9+8=19
1+9=10
1+0=1

→ 5−1=4

답(=436)을
9로 나눈 나머지
4+3+6=13
1+3=4

나머지 4가
같으므로

답 **맞다**

1 다음 덧셈을 해 보자. (각 10점×2)

① 42539 + 68142 =

② 387 + 469 + 786 =

2 다음 뺄셈을 해 보자. (각 10점×2)

① 512 − 39 =

② 1000 − 324 =

3 다음 곱셈을 해 보자. (각 10점×4)

① 99 × 98 =

② 96 × 96 =

③ 18 × 19 =

④ 82 × 55 =

4 특별한 필산을 이용하여 몫과 나머지를 구해 보자. (각 10점×2)

① 81 ÷ 14 =

② 378 ÷ 19 =

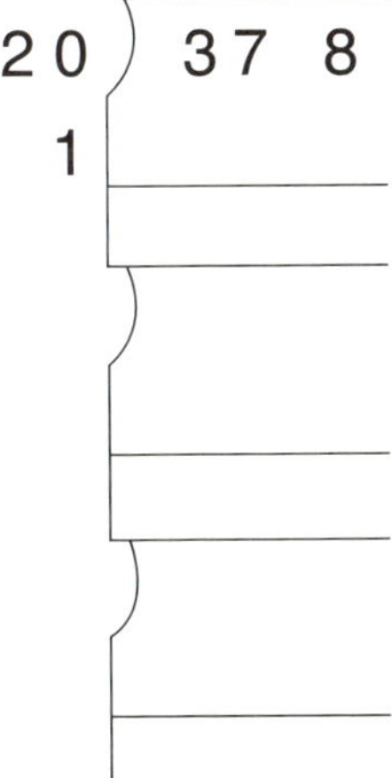

월 / 일	1	2	3	4	합계
/	/ 20점	/ 20점	/ 40점	/ 20점	/ 100점

1 다음 덧셈을 해 보자. (각 10점×2)

① **42539 + 68142 = 110681**
계산 방법 → 덧셈 3

```
      4 2 5 3 9
  +   6 8 1 4 2
  ──────────────
 ❶1 0
   ❷ 1 0
     ❸   6
       ❹   7
         ❺ 1 1
  ──────────────
 ❻ 1 1 0 6 8 1
```

② **387 + 469 + 786 = 1642**
계산 방법 → 덧셈 4

```
      3 8 7
      4 6 9
  +   7 8 6
  ──────────
 ❶ 1 4
  ❷ 2 2
   ❸ 2 2
  ──────────
 ❹ 1 6 4 2
```

3과 7을 먼저 더하면 계산이 쉽다.

2 다음 뺄셈을 해 보자. (각 10점×2)

① **512 − 39 = 473**
계산 방법 → 뺄셈 1

```
    500    12
 −   40  −−  1
 ❶────────────❷
    460  + 13 = 473
 ❸
```

② **1000 − 324 = 676**
계산 방법 → 뺄셈 4

```
     9 9 9
  −  3 2 4
 ❶──❷──❸──
    6 7 5 + 1 = 676
 ❹
```

3 다음 곱셈을 해 보자. (각 10점×4)

① **99 × 98 = 9702**
계산 방법 → 곱셈 4

99 → 100까지 1 필요   98 → 100까지 2 필요

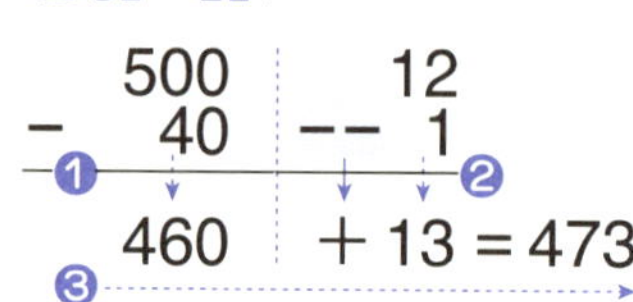

② **96 × 96 = 9216**
계산 방법 → 곱셈 5

96 → 100까지 4 필요

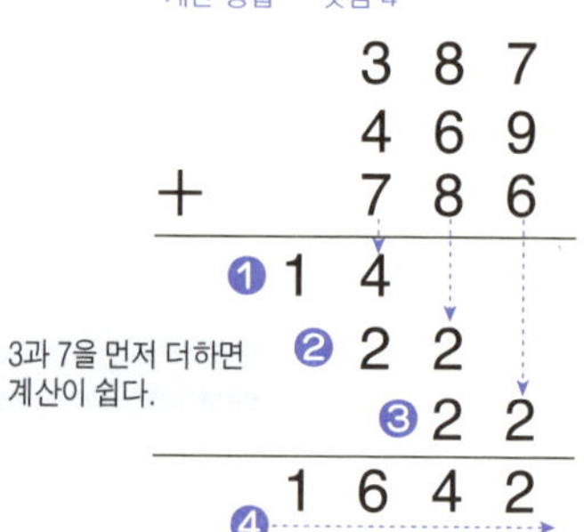

③ **18 × 19 = 342**

계산 방법 → 곱셈 8

④ **82 × 55 = 4510**

계산 방법 → 곱셈 12

$(8+1) \times 5$

4️⃣ **특별한 필산을 이용하여 몫과 나머지를 구해 보자.** (각 10점×2)

① **81 ÷ 14 = 5** 나머지 **11**

계산 방법 → 나눗셈 1

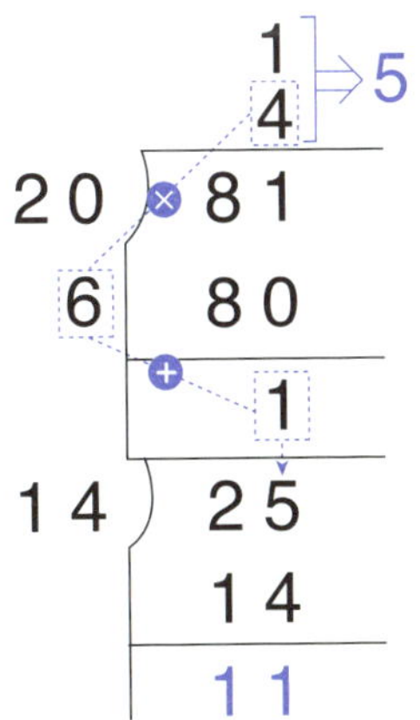

② **378 ÷ 19 = 19** 나머지 **17**

계산 방법 → 나눗셈 2

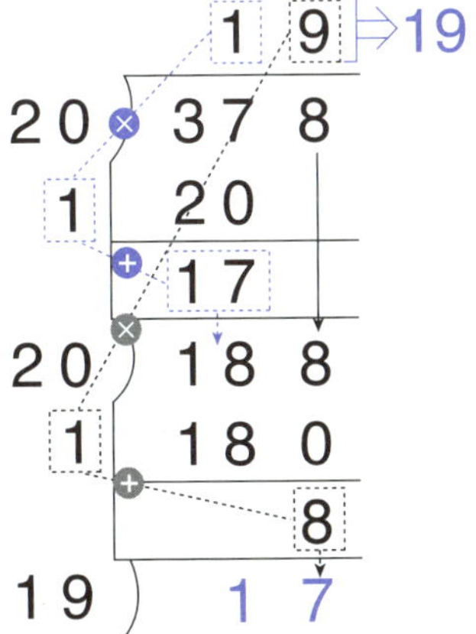